JN093562

図解入門ビジネス

Shuwasystem Business Guide Book How-nual

最新 脱炭素社会の仕組みと動向がよ～くわかる本

体系的かつ具体的なCO_2対策がわかる！

今村 雅人 著

秀和システム

はじめに

最近、「気候クライシス」という言葉をよく見聞きするようになりました。クライシス（crisis）とは、危機という意味であり、気候変動によって引き起こされる脅威が切迫していることを表す言葉として用いられるようになっています。世界各地で、洪水、大型台風、干ばつ、熱波、森林火災が頻発していて、甚大な被害をもたらしています。このような気象災害は、気候変動の影響が表面化したものであり、その気候変動の原因となるのが地球温暖化です。したがって、地球温暖化を止めなくてはならないのですが、そのためには人間社会から排出される二酸化炭素（CO_2）を実質ゼロにする必要があります。

社会の脱炭素化、すなわち脱炭素社会の構築は、気候変動を抑えて人類が持続的な発展を手にするために不可欠なテーマになります。このような認識はCOPなどを通じて世界共通のものとなっており、脱炭素社会の構築へ向けた取り組みは、欧州、米国、日本を始めとして、中国やインドなどの新興国も含め、世界中で加速しています。

さて、本書では、脱炭素に関する基本的な知識から、世界や日本の脱炭素をめぐる動向、脱炭素社会の実現に向けた4つの対策の柱（排出を減らす、排出しない、回収・利用、吸収・固定）、経済活動を脱炭素へ誘導するための方策、最前線の取り組み、脱炭素社会の未来図までを解説しています。特に、「脱炭素社会がどんな仕組みで成り立つのか」「それはどのように構築されていくのか」について『体系的かつ平易』に解説することを心がけています。

本書は読者ターゲットとして、脱炭素社会を実現するための仕組み、およびその動向に関心のあるビジネスパーソンや学生を想定しています。もう少し具体的に言えば、エネルギー業界を始めとしたすべての産業界の関係者、コンサルタント、自治体の職員、脱炭素技術の社会実装や脱炭素社会の姿に興味のある人、成長分野で新規事業のネタを探している人などに向けて書かれています。

読者の皆さんが、本書を通して脱炭素社会への移行について、自分事として考えるために必要な情報や知識を手に入れることができたなら、たいへん嬉しく思います。

2024年2月

今村　雅人

How-nual 図解入門

図解入門ビジネス 最新脱炭素社会の仕組みと動向がよ～くわかる本

CONTENTS

第3章 日本の脱炭素へ向けた政策

第4章 CO_2を排出しない方法は？

第5章 CO_2の排出を減らす方法は？

第6章 CO_2を回収・利用する方法は？

第7章 植物によるCO_2の吸収・固定の方法は？

第8章 経済活動を脱炭素へ誘導

第9章 最前線の取り組み

第10章 脱炭素社会へ向けて

第1章

脱炭素の基本

私たち人間は、産業活動などにより、大気中の温室効果ガスを増加させてきました。これが地球温暖化につながり、極端な異常気象や海面上昇など、さまざまな気候変動問題を引き起こしています。世界の多くの科学者たちが、気候変動に警鐘を鳴らしており、現状よりも温室効果ガスの削減目標を高め、対策の実行を加速させる必要性を指摘しています。

日本では、二酸化炭素（CO_2）が温室効果ガスの排出全体の約９割を占めており、温暖化の最も大きな原因となっています。したがって、CO_2 の排出を削減し、最終的には実質的な排出をゼロにする「脱炭素社会」を実現するための取り組みが求められています。

1-1
なぜ脱炭素なのか？

1750年頃に始まった産業革命以降、私たちは化石燃料を大量に燃やして使用するようになり、CO_2の排出量を急増させてきました。これが地球温暖化につながり、遠い将来、低地に広がる都市部は、すべて水没してしまうリスクが指摘されています。

地球温暖化が及ぼす悪影響

地球温暖化とは、人間の産業活動などの人為的な原因によって大気中の温室効果ガスが増加し、地球の気温が上昇することをいいます。地球温暖化は、極端な異常気象や海面上昇を始めとして、さまざまな気候変動の問題を引き起こします。近年、気候変動の悪影響は顕在化しており、たとえば、大雨による洪水や土砂崩れ、大規模な森林火災など、深刻な災害が世界中で頻発するようになっています。

なお、**温室効果ガス**の種類としては、二酸化炭素（CO_2）、メタン（CH_4）、一酸化二窒素（N_2O）、代替フロン等4ガスなどがあげられます。日本では、温室効果ガスの排出量全体の約9割を占めているのが二酸化炭素（CO_2）です。したがって、気候変動対策を進めていくに当たっては、CO_2の排出を削減し、将来的には排出をゼロにすること、すなわち**「脱炭素」**が最も優先順位の高い課題になります。

どれくらいヤバイか？

気候変動問題に警鐘を鳴らし続けてきたのが、「気候変動に関する政府間パネル（IPCC*）」です。IPCCは、1988年に世界気象機関（WMO）と国連環境計画（UNEP）によって設立された政府間組織であり、各国政府の気候変動に関する政策に対し、科学的な基礎を与えるという重要な役割を担っています。

最新のIPCC第6次評価報告書では、気候システムの変化について、「地球温暖化の進行に直接関係して拡大し、極端な高温、海洋熱波、大雨、農業及び生態学的干ばつの頻度と強度、強い熱帯低気圧の割合、並びに北極域の海氷、積雪及び永久凍土の縮小を含む」と指摘しています。つまり、温暖化は従来の気候システムを変えてしまい、広範囲かつ大規模な悪影響が予測されているのです。

*** IPCC**　Intergovernmental Panel on Climate Changeの略。

わかりやすい例として、海面水位の上昇についてみておきましょう。図は、IPCC第6次評価報告書で示されている、世界の平均海面水位の変化の予測です。この予測は、CO_2排出のレベルに応じて、5つのシナリオが検討されています。たとえば、「非常に高い」シナリオは化石燃料を使い続けた最悪のケース、「低い」シナリオはパリ協定の2℃を目指したケースにおける予測結果になります。

海面水位の上昇は、百年から千年の時間スケールで不可逆的であり、海面上昇はまだ始まったばかりで、これから数百年にわたって続くと予測されています。既に、世界の平均海面水位は、1900年から現在までに20cm程度上がっています。「非常に高い」シナリオでは、2100年には最悪1m上昇し、2300年には2mから7m上昇すると予測しています。さらに、南極氷床の不安定化が起きてしまった場合には、15mまで上昇してしまう恐れがあるのです。

世界の海面水位の変化予測*

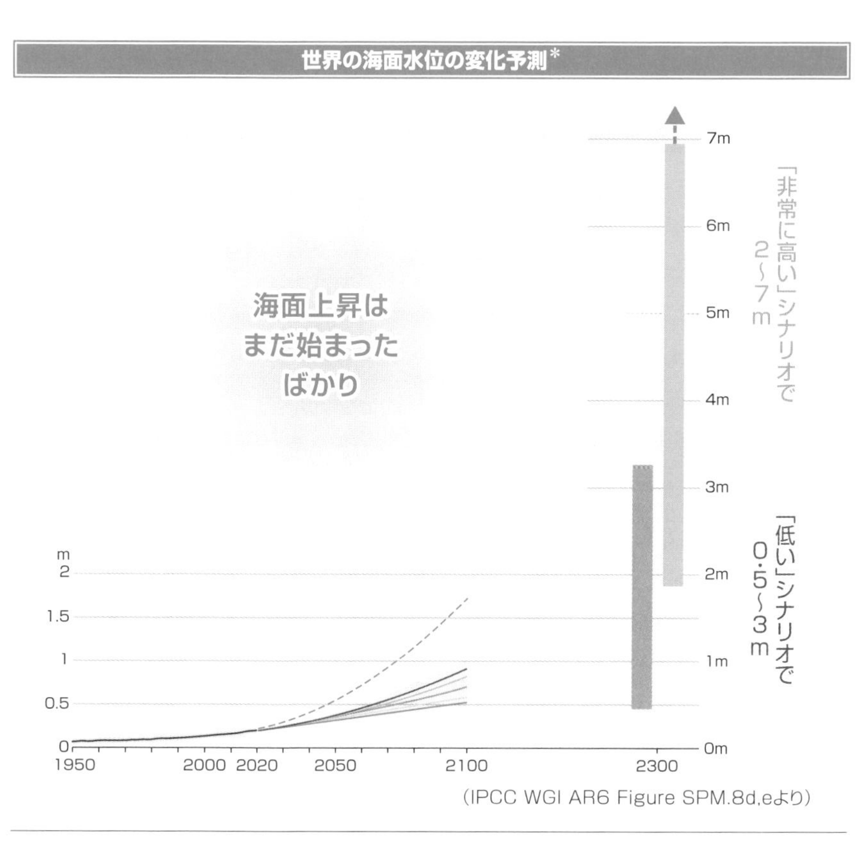

（IPCC WGI AR6 Figure SPM.8d,eより）

＊…の変化予測　国立環境研究所 地球環境研究センターのホームページ（https://cger.nies.go.jp/cgernews/202111/372001.html）より。

1-2 CO_2はどこから排出？

エネルギー転換、産業、運輸、業務、家庭など、社会を構成する多様な部門からCO_2が排出されています。脱炭素社会の実現に向けては、これらすべての部門にわたり、CO_2の排出削減対策を実行し、ゆくゆくはゼロにしていく必要があります。

エネルギー起源と非エネルギー起源のCO_2

環境省と国立環境研究所が取りまとめた、日本の2021年度の温室効果ガス排出・吸収量データによれば、温室効果ガスの排出量は11億7,000万トン（対前年度比＋2.0%、対2013年度比－16.9%）、吸収量は4,760万トンでした。このうち、二酸化炭素（CO_2）の排出量は、10億6,400万トンであり、温室効果ガスの排出全体の90.9%を占めています。

CO_2はその由来によって、**エネルギー起源**と**非エネルギー起源**のCO_2に分けられます。2021年度のエネルギー起源CO_2の排出量は9億8,800万トン、非エネルギー起源CO_2は7,580万トンでした。

ここでエネルギー起源CO_2とは、化石燃料の燃焼によって発生し排出されるCO_2のことをいいます。現在、石炭･石油･天然ガスなどの化石燃料を燃やすことで、電力や熱といったエネルギーを作り、それを産業や家庭へ供給しています。たとえば、火力発電では化石燃料を燃やして電気を作りますが、その際に大量のCO_2を排出しています。このように、エネルギーを作るために排出されるのが、エネルギー起源CO_2なのです。

また、人為的に排出されるのCO_2のうち、エネルギー起源CO_2以外のものは、非エネルギー起源CO_2と呼ばれます。工業プロセスにおける化学反応や廃棄物の焼却などで発生するCO_2が、非エネルギー起源CO_2に該当します。

なお、エネルギー起源CO_2は、CO_2の排出全体の93%を占めており、非エネルギー起源CO_2と比べて段違いに多くなります。したがって、気候変動対策としてCO_2の排出削減を検討する際には、まずはエネルギー起源CO_2を削減する方法に着目する必要があります。

どの部門が多くCO_2を排出しているか？

図は、2021年度のCO_2排出量の部門別の内訳（電気・熱配分後*）を示しています。エネルギー転換部門は7.9%、産業部門は35.1%、運輸部門は17.4%、業務その他部門は17.9%、家庭部門は14.7%、工業プロセス及び製品の使用・その他は4.3%、廃棄物は2.8%となっています。脱炭素社会の実現に向け、これらのすべての部門にわたって、CO_2の排出を削減し、ゆくゆくはゼロにしていく必要があります。

なお、エネルギー転換部門とは、石油・石炭・天然ガス等の一次エネルギーを発電や石油精製などによって、産業・運輸・業務・家庭の各部門で消費される電力・ガソリン・都市ガス等の二次エネルギーに転換する部門をいいます。また、図中の「電力由来」は、電力会社から購入する電力と自家発電に由来するCO_2排出を指しています。この電力由来を合計すると41.0%であり、発電の脱炭素化は特に重要な課題であることがわかります。

2021年度のCO_2排出量の部門別内訳*

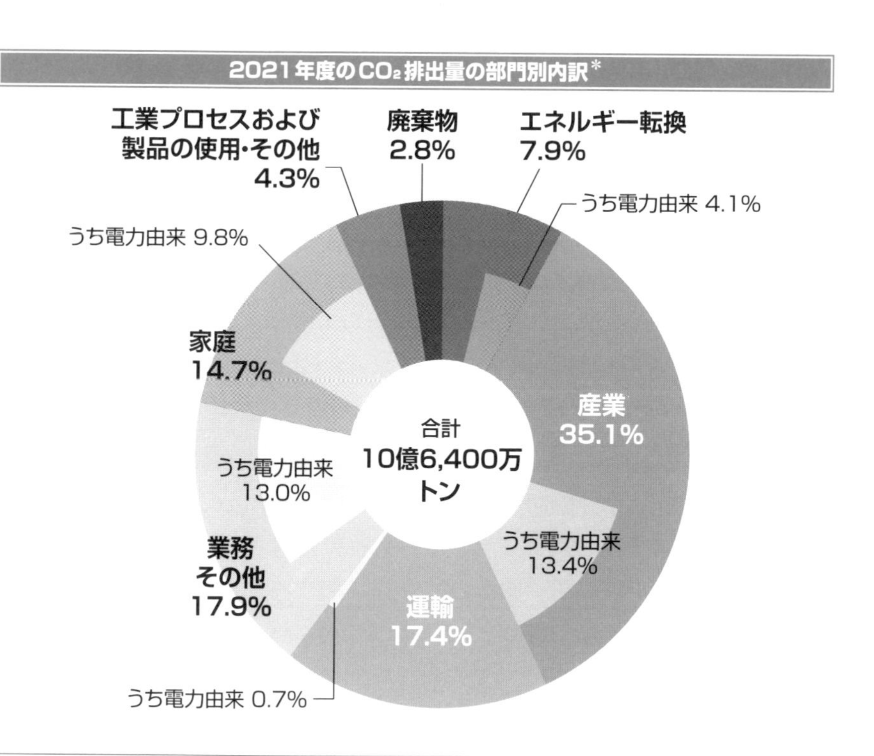

*電気・熱配分後　発電や熱の生産にともなうCO_2排出量を、電力や熱の消費量に応じて各部門に配分した後の値を指す。

*…の部門別内訳　環境省「2021年度（令和3年度）の温室効果ガス排出・吸収量（確報値）について」(2023年4月) p.17より。

1-3 CO_2排出ゼロに必要な取り組みは？

これまで人間の活動にともなって大気中に放出していたCO_2を削減し、最終的には実質的な排出をゼロにする必要があります。CO_2について、「排出を減らす」「排出しない」「回収・利用」「吸収・固定」の4つが対策の柱になります。

CO_2排出ゼロへ向けた対策

これまで人間は、産業活動や家庭生活などにともなってCO_2を排出し、大気中のCO_2を増加させてきました。この人為的な大気中のCO_2の増加を止めなければ、地球温暖化の進行を止めることはできません。図は、この人為的なCO_2の増加を止めるために不可欠な対策のイメージを示しています。CO_2の排出を削減し、最終的には実質的な排出ゼロ、すなわち**カーボンニュートラル**を達成するために実施すべき対策の柱として、「排出を減らす」「排出しない」「回収・利用」「吸収・固定」の4つがあげられます。

第1に、「排出を減らす」では、**省エネルギー**のための取り組みが中心になります。CO_2の排出を減らすことだけでは脱炭素を達成できないのですが、一足飛びに「脱炭素社会」を構築することもできません。したがって、脱炭素社会の実現へ向かうための現実解として、まずは「低炭素社会」を目指す必要があり、省エネの取り組みが重要になります。このCO_2の「排出を減らす」方法については、5章で詳しく解説します。

第2に、「排出しない」では、**エネルギー転換**の取り組みが中心になります。これまでのように化石燃料を使用すると、その燃焼にともなってCO_2を排出することから、これからはエネルギーとして使用してもCO_2を排出しない、再生可能エネルギーや水素エネルギーなどへ転換していく必要があります。ただし、今の人間社会にとってエネルギーは不可欠であるため、必要な量のエネルギー供給を絶やすことなく、ある程度の時間をかけて再生エネや水素などへのシフトを進めていくことになります。このCO_2を「排出しない」方法については、4章で詳しく解説します。

第3に、「回収・利用」では、排出されるCO_2を回収し資源として利用する取り組みが中心になります。現状では工場や火力発電所から大量にCO_2が排出されているのですが、そこから排出されるCO_2を回収し、地下へ貯留したり、資源として利用したりすることで、大気中へのCO_2の放出を無くすことができます。このCO_2を「回収・利用」する方法については、6章で詳しく解説します。

第4に、「吸収・固定」では、植物の持つCO_2を吸収し炭素を固定する機能を利用する取り組みが中心になります。これまでの人間の活動により、地球の自然環境は少なからず破壊されてきました。もともと植物を中心とした生態系には、大気中のCO_2を吸収し炭素を固定する機能が備わっていて、破壊された生態系を元の健全な状態に戻すことなどにより、大気中のCO_2を減らすことができます。植物によるCO_2の「吸収・固定」の方法については、7章で詳しく解説します。

対策の実行には誘導も必要

上述した4つの対策の柱は、イノベーションへの期待も含めて技術を中心としたものになります。これら脱炭素化の対策を実行して社会の仕組みの中に組み込んでいくには、私たちの活動がその対策の実行に向かうよう、誘導していく必要があります。この誘導していくための方策については、8章で詳しく解説します。

脱炭素社会の実現に向けた対策のイメージ

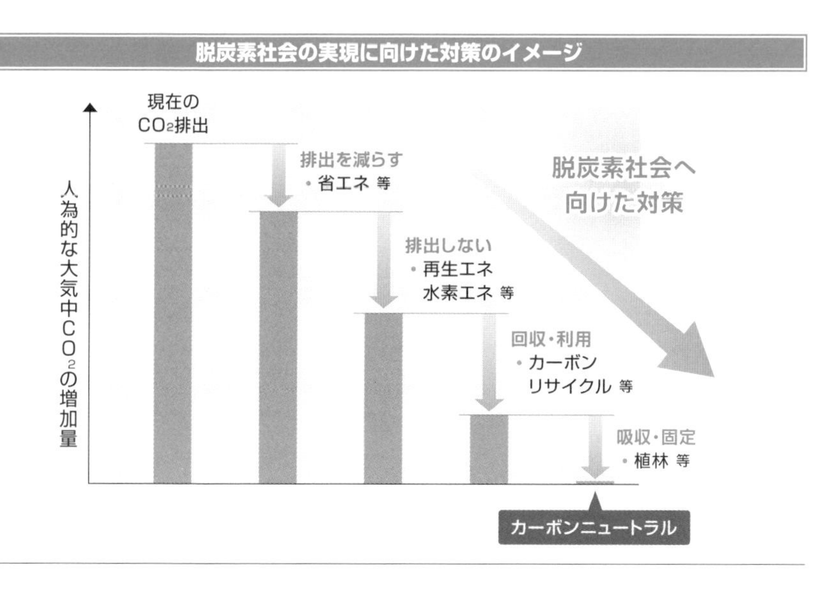

1-4 脱炭素社会とは？

近年の世界平均気温は、1850年と比べて約1℃上昇しており、気候変動問題が深刻化していくリスクが高まっています。脱炭素社会とは、CO_2排出の実質ゼロを達成した社会をいい、その実現に向けて脱炭素化の取り組みを加速させる必要があります。

待ったなしの脱炭素

IPCCの第6次評価報告書では、世界の平均気温の変化は上昇傾向にあり、1850年と比べて2019年は「1.06℃」上昇しているという観測データが示されています。併せてコンピュータシミュレーションの結果が示されていて、人間活動の寄与（人為要因）は「1.07℃」と評価されており、私たち人間が地球温暖化を引き起こしていることは疑う余地がないと指摘しています。

また、人間活動による温室効果ガスの増加といった人為要因や、太陽活動の変動や火山の噴火といった自然要因を用いたモデルによって、過去の世界の平均気温の変化についてコンピュータシミュレーションを行うと、ほぼ観測データと近似して変化することがわかっています。したがって、このシミュレーションモデルを用いることにより、CO_2排出量が多いとか、少ないとかいった複数のシナリオに分けて、科学的に信頼性の高い世界平均気温の将来予測が可能になっているのです。このことは、人間が居住する地域における極端な高温、海面水位の上昇、夏季における北極の海氷の消滅、サンゴ礁の死滅などのリスクに関する予測精度の向上につながっています。

第6次評価報告書の現状レベルの温暖化対策のシナリオでは、2100年までに世界平均気温は2℃を大きく超えて上昇すると予測しており、地球温暖化に関する科学的な示唆を真剣に受け止める必要があります。そして、脱炭素化の取り組みを加速させていく必要があるのです。

脱炭素社会とは？

「脱炭素」とは、地球温暖化の原因となる二酸化炭素（CO_2）の人為的な排出をゼロにする取り組みを指します。そして、「脱炭素社会」とは、その脱炭素を実質的に達成している社会を指します。ここで「実質的に達成」とは、CO_2の排出量から植林や森林管理などによる吸収量を差し引いた値がゼロであることを意味しています（図参照）。

なお、脱炭素と同じような意味で用いられるワードが**カーボンニュートラル**です。カーボンニュートラルを直訳すると「炭素中立」であり、CO_2を始めとした温室効果ガスの排出量と吸収量のバランスがとれた状態を指しています。

さて、1章1節でみたように、CO_2は日本における温室効果ガスの排出量全体の約9割を占めていて、地球温暖化の最も大きな原因となっています。したがって本書では、人為的な排出による大気中のCO_2の増加をゼロにするための取り組み、すなわち脱炭素社会の構築に向けた取り組みに焦点を当て、解説を進めていきます。

本書では、脱炭素社会について、「従来の化石燃料に依存した炭素社会から脱し、CO_2の排出を実質ゼロにするために、さまざまな脱炭素化の方法を社会の仕組みの中に組み込み、再構築することによって実現される社会」と考えます。脱炭素社会の構築に向けては、エネルギーの利用を中心として、社会インフラや産業構造の転換が不可欠になります。現在の豊かさを保ちつつ社会を回しながら転換していく必要があるため、パッチワーク的な難しい作業がともなうことになります。

脱炭素社会のイメージ*

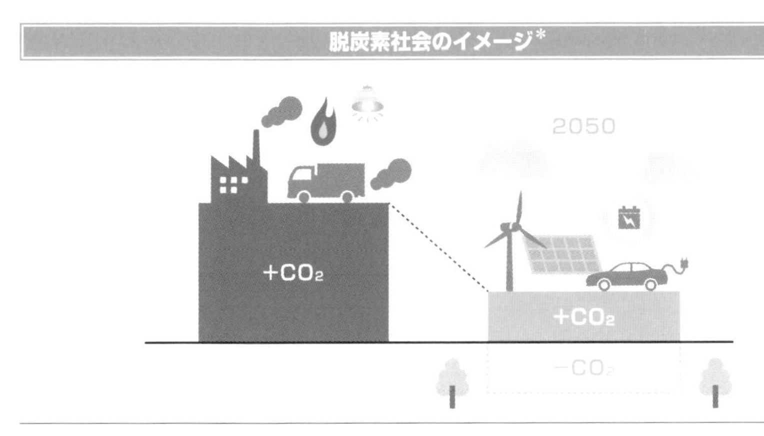

＊…のイメージ　環境省 脱炭素ポータルのホームページ（https://ondankataisaku.env.go.jp/carbon_neutral/about/）より。

1-5
エネルギー転換による脱炭素

エネルギー転換は、脱炭素社会を実現できるかどうかを大きく左右する、最重要なテーマに位置づけられます。エネルギーの脱炭素に向け、とりわけ重要な役割を担うことを期待されているのが、再生可能エネルギーと水素エネルギーの2つになります。

脱炭素化の要点であるエネルギー転換

1章2節でみたように、エネルギー起源CO_2は、CO_2の排出全体の93%を占めていました。そして、化石燃料の燃焼によって排出されるのがエネルギー起源CO_2でした。したがって、脱炭素に向けては、まずエネルギー起源CO_2を削減する方法に着目する必要があります。そして、電力や熱といったエネルギーを作る手段として、化石燃料を燃やすのではなく、CO_2の排出がともなわないエネルギー源へ転換していくことが重要になります。

このような**エネルギー転換**は、脱炭素化の要点であり、脱炭素社会を実現できるかどうかを左右する、最重要なテーマであると位置づけることができます。その具体的な手段としては、エネルギーとして使用してもCO_2を排出しない、再生可能エネルギーや水素エネルギーなどへ転換していくことがあげられます。

日本のような先進国では、既に出来上がったエネルギーシステムを保有しているため、そのエネルギーインフラを、化石燃料を使用したものから再生エネなどを使用したものへ転換していく必要があります。ただし、社会へのエネルギー供給を絶やすことはできませんので、安定供給を大前提にエネルギー転換を進めていくことになります。したがって、エネルギー転換にはある程度の長さ（十年単位）の移行期間を設定して、問題が生じないように進める必要があるのですが、同時にスピード感を持って行うことも大切です。なお、このようなエネルギー転換、および脱炭素化を実行していくに当たっては、権限と責任を持った司令塔となる組織を政府内などに新設し、着実に進めていくことが望まれます。

＊**最終エネルギー消費**　産業活動、交通機関、家庭などの最終消費者に使用されるエネルギー消費の総量のこと。
＊**一次エネルギー**　自然界に存在するままの形でエネルギー源として利用されるものをいう。化石燃料、ウラン、再生可能エネルギー等があげられる。
＊**二次エネルギー**　一次エネルギーを変換・加工して、用途に合わせて使いやすくしたものをいう。電気、都市ガス、ガソリン等があげられる。

再生エネと水素が脱炭素化の両輪

図は、エネルギーシステムを脱炭素化するための方法を示しています。図の左側の最終エネルギー消費*では、電化によるエネルギー利用の効率化、すなわち省エネによって、電力や熱といったエネルギーの使用量全体を減らします。エネルギー利用を効率化する手段としては、ヒートポンプのような高効率機器の活用、エネルギーマネジメントによるエネルギーの最適利用などがあげられます。

図の右側の一次エネルギー*の所には、脱炭素のためのエネルギー源が示されています。エネルギーの脱炭素に向けては、複数のエネルギー源を使用することになるのですが、中心となるのは再生可能エネルギーと水素エネルギーの2つになります。なお、海外からのCO_2フリー水素とは、海外の安価な再生可能エネルギーを使用して製造した水素を指しています。そして、CO_2を排出しないで作ったCO_2フリー電気とCO_2フリー水素を二次エネルギー*として利用するのが、脱炭素化されたエネルギーシステムの仕組みになります。

エネルギーシステムの脱炭素化*

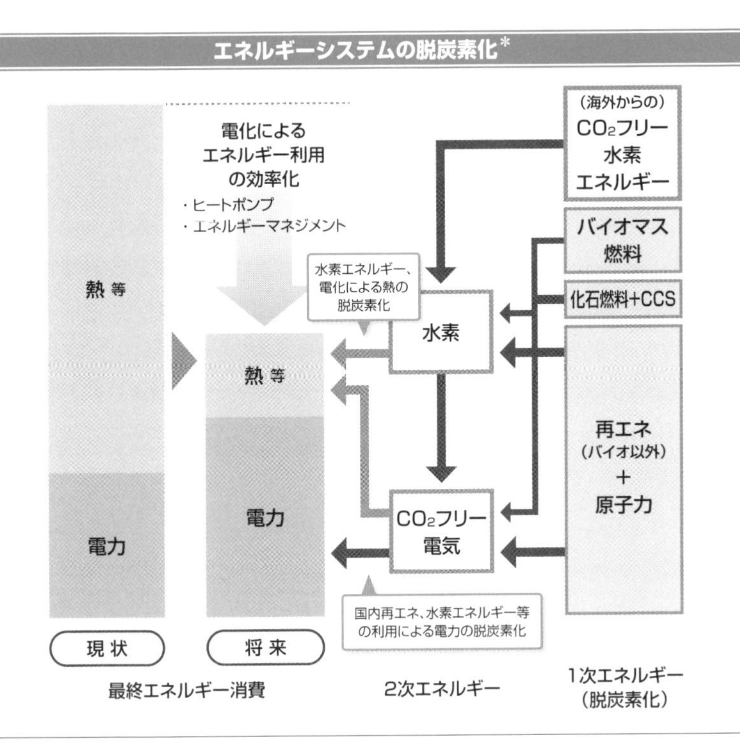

*…の脱炭素化 「カーボンニュートラル 2050 アウトルック」(山地憲治監修、日本電気協会新聞部)の第2部「01 水素技術 -電源、熱源の脱炭素化の切り札-」の「【図表2-2】：エネルギー需給の脱炭素化シナリオ」を一部修正。

1-6 サプライチェーン全体の脱炭素

サプライチェーン全体を脱炭素化することは、グローバル企業の責任と考えられるようになっています。たとえば、アップル(米国)は、自社のグローバルサプライチェーンに対し、2030年までに脱炭素化することを要請しています。

求められるサプライチェーンの脱炭素

1章2節でみたように、産業部門からのCO_2排出は全体の35.1%を占めており、最も多くのCO_2を排出する部門でした。したがって、産業部門の脱炭素化は最も重要なテーマの一つになります。ここで産業部門からの排出とは、最終エネルギー消費のうち、第一次産業（農業、林業、漁業など）と第二次産業（製造業、建設業、鉱業など）に属する法人や個人の産業活動により、工場内や事業所内で消費されるエネルギーにともなって排出されるCO_2を指しています。

さて、日本は世界でも有数の先進工業国であり、日本経済を支える産業部門の中でも製造業が果たす役割は大きなものがあります。このような製造業を始めとした多様な業種の企業が脱炭素に取り組むに当たっては、自社内の活動だけでなく、取引先や消費者まで含めた**サプライチェーン**[*]全体を対象に進めることが重要になります。なぜなら脱炭素社会の実現を目指すのであれば、産業活動を始めとしたすべての人間活動から排出されるCO_2を実質ゼロにする必要があるからです。

特に、グローバル企業のように、企業の事業規模が大きいほど、社会的な責任は重くなりますので、自社の脱炭素は当然のこととして、自社とかかわりのあるサプライチェーン全体で脱炭素化を進めることが求められるのです。

スコープ1・2・3

図は、サプライチェーンの全体にわたるCO_2排出を示しています。図中の「スコープ（Scope）1」「スコープ2」「スコープ3」とは、GHG[*]プロトコルによって定められた、温室効果ガスの区分を指しています。

なお、**GHGプロトコル**とは、温室効果ガス排出量の算定・報告をする際に用い

＊**サプライチェーン**　原材料の調達、製品の製造、在庫管理、配送、販売、消費といった一連の流れのこと。
＊**GHG**　Greenhouse Gasの略。温室効果ガスのこと。

られる国際的な基準のことです。スコープ1・2・3は、原材料を調達してから、製品が製造され、それを消費者が使用し、廃棄されるまでのサプライチェーン全体における温室効果ガス排出量の捉え方を示しています。

スコープ1は、ボイラーによる化石燃料の燃焼、製造過程における化学反応など、自社による温室効果ガスの直接排出を指します。また、スコープ2は、他社から供給された電気・熱・蒸気の使用にともなう温室効果ガスの間接排出を指します。たとえば、電気を電力会社から購入していて、その電気が化石燃料を燃やして作られている場合は間接排出になります。

スコープ3には、自社のサプライチェーンの上流と下流における間接排出が該当します。たとえば、上流では、自社が購入した原材料や部品の製造にともなって他社が排出した温室効果ガスが対象となります。また、下流では、自社が販売した製品の使用や廃棄にともなって排出される温室効果ガスが対象となります。

サプライチェーン全体でみたCO_2排出*

＊・・・CO_2排出　資源エネルギー庁のホームページ（https://www.enecho.meti.go.jp/about/special/johoteikyo/scope123.html）より。

地球温暖化と食料危機

地球温暖化による平均気温の上昇は、私たちが毎日口にする食べ物に対しても大きな影響を及ぼします。気温上昇の幅、地域、生産物などにより、予想される影響は異なりますが、好影響よりも悪影響の方が大きくなるというのが一般的な見方です。すなわち、現在の80億人を超える世界の人々の食を支えるのに十分な生産物を供給できないという、食料危機のリスクが高まることが懸念されているのです。

なお、ここでいう生産物には、農産物（農作物）や畜産物や水産物が該当します。地球温暖化は単に気温の上昇にとどまらず、降雨量などの気象条件の変化につながるため、農作物の収量に対する悪影響が懸念されます。具体的には、赤道に近い低緯度の地域（したがって、気温が高く暑い地域）では、農作物収量の減少幅が大きくなると予想されています。逆に、高緯度の地域では、収量の減少幅は小さくなるか、農作物の種類によっては収量が増加すると予想されています。たとえば、代表的な穀物の一つであるトウモロコシの収量は、世界の大半の地域において、減少するとみられています。加えて、温暖化に起因する気象パターンの変化は、猛暑・暴風雨・干ばつ等の異常気象を頻発させ、農作物に深刻な被害をもたらし、収量の減少や品質の低下を引き起こしてしまいます。

家畜は熱波による暑熱ストレスによって、疾病に対する抵抗力を弱めると同時に、繁殖性、産肉量、泌乳量（乳を分泌する量）などが低下します。また、温暖化の影響によって、寄生虫や疾病の発生分布に変化をもたらすことが指摘されています。

海水温の上昇は、一部の魚種の減少、回遊の範囲や経路の変化、疾病リスクの増大などにつながります。また、大気中の二酸化炭素（CO_2）濃度が上昇することで海洋の酸性化を引き起こし、貝類やイカ類、マングローブや珊瑚礁に関係する漁業に甚大な被害を与えることが懸念されています。さらに、赤道直下付近の熱帯海域では海水温が上がり過ぎ、漁獲量が激減する恐れがあります。

このように地球温暖化の影響により、世界の食料の供給能力は大きく損なわれることが予想されています。特に、低緯度に位置する途上国の多くは、そもそも食料不足による飢餓の問題を抱えており、温暖化による農作物を始めとした食料の収量減少は、飢餓状態をさらに深刻化させてしまうのです。

第2章

脱炭素をめぐる世界の動き

近年、地球温暖化の悪影響が肌で感じられるようになり、人類の持続的な発展ないしは生存のためには、社会の脱炭素化が必須であるという認識が世界共通のものとなっています。今や脱炭素社会の構築へ向けた動きは世界的な潮流となり、欧州や米国などの先進国だけでなく、中国やインドを始めとした途上国も含め、世界中で加速しています。

世界各国は、「温室効果ガス排出実質ゼロ」の達成期限を相次いで表明しています。そして、気候変動の抑制に貢献すると同時に、脱炭素化を自国の経済成長の原動力にするため、積極的に政策を打ち出しています。

2-1 世界のCO_2排出と気候変動問題

私たちは、2030年までに世界全体のCO_2排出量を約45%削減する必要があります。なぜなら、近年、地球温暖化によるとみられる大規模な気象災害が世界中で頻発するようになり、気候変動の悪影響が顕在化しているためです。

世界のエネルギー起源CO_2の排出量

世界の温室効果ガスの総排出量をみると、2000年から2009年にかけて年平均の増加率は2.6%、2010年から2019年にかけて年平均の増加率は1.1%であり、増加率は鈍化傾向にあります。

ただし、産業革命以前に比べて、世界の平均気温の上昇を1.5℃に抑えるためには、2030年までに世界全体のCO_2排出量を約45%削減（2010年比）する必要がある、という知見がIPCCによって示されています。そのためには、2025年にはCO_2の排出を増加から減少へ転じさせる必要があるのですが、現状ではその実現がクリアに見通せているわけではありません。

図は、世界におけるエネルギー起源CO_2の2020年の排出量を示しており、世界全体で317億トンを排出しています。その内訳を国別にみると、CO_2排出量が最も多いのは中国の100.8億トンであり、全体の約3分の1を占めています。中国は経済成長にともなって排出量が増加しており、特に2000年代に入ってから排出量が急増し、2007年にアメリカを超えて、世界最大のCO_2排出国になっています。

このほか、CO_2排出量が多い順に、アメリカ、インド、ロシア、日本、ドイツと続きます。排出量が2番目に多いアメリカは、中国が最大の排出国となるまでは、1970年代から1990年代などを通して、ずっと最大の排出国であり続けました。その後、2007年頃をピークに排出量が減少に転じています。排出量が減少した要因としては、リーマンショック、エネルギー効率の向上、再生可能エネルギーや天然ガスを含む低炭素技術の普及などがあげられます。

深刻化する気候変動問題

近年、極端な高温や大雨の頻度が増加していることを、私たちは肌で感じるようになりました。地球温暖化によって気温は上昇し、加えて大気中の水蒸気量が増加します。個々の気象災害の原因を科学的に特定することは簡単ではありませんが、地球温暖化の進行にともなって、猛暑や豪雨のリスクが高まることは、容易に予想することができます。ここでは、深刻化する気候変動問題の具体例を確認しておきましょう。

2022年6月から8月にかけて、パキスタン及びその周辺地域は、前例のない大雨に見舞われました。パキスタン南部のジャコババードの月降水量は、7月が290mm（平年比1025%）、8月が493mm（平年比1793%）に達しました。この大雨により、パキスタンでは、1,730人以上が死亡したと報じられています。このような前例のない大雨や猛暑などが、世界各地で頻繁に観測されるようになっています。

2020年の世界のエネルギー起源CO_2排出量*

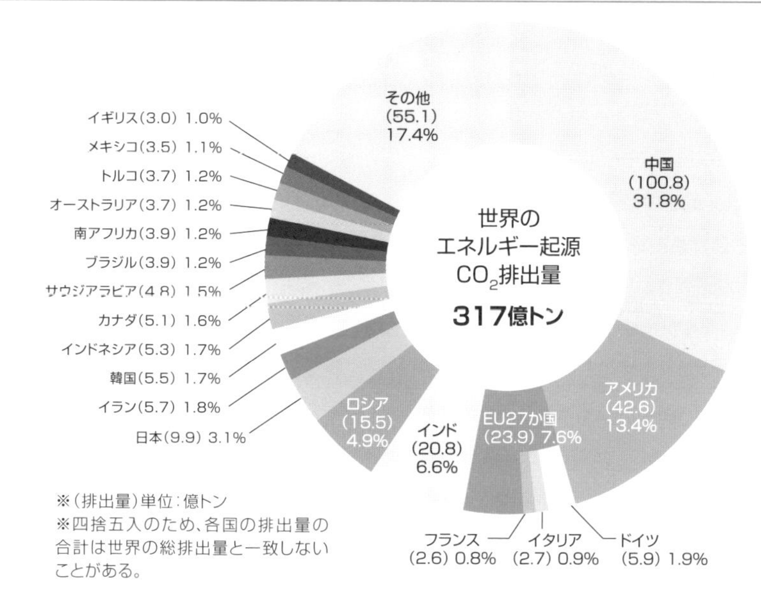

※（排出量）単位：億トン
※四捨五入のため、各国の排出量の合計は世界の総排出量と一致しないことがある。

出典：国際エネルギー機関（IEA）「Greenhouse Gas Emissions from Energy」2022 EDITIONを基に環境省作成

*･･･**CO_2排出量**　環境省のホームページ（https://www.env.go.jp/content/000098246.pdf）より。

2-2 世界の動向

国際社会では、COPの議論を通じて脱炭素に関する国際的な合意を形成し、パリ協定の1.5℃目標の達成に向けた取り組みを進めています。世界的な脱炭素の潮流を受け、自国の経済成長に活かす狙いから、各国は脱炭素化に積極的に取り組んでいます。

国際社会の取り組み

IPCCの評価報告書は、世界中の科学者が協力して作成する報告書であり、気候変動に関する最新の科学的知見が示されています。たとえば、IPCC第6次評価報告書では、「人間の活動が地球温暖化を引き起こしたことは疑う余地がない」ことが指摘されています。

国際社会では、この報告書を基礎にして、気候変動の緩和・適応のための対策や政策を議論してきました。その議論の場が**COP**＊であり、1995年から毎年開催されています。1997年に開催されたCOP3では、「京都議定書」が採択されました。京都議定書は、先進国に対して温室効果ガス排出量の削減目標を定め、その削減を義務づけるものでした。京都議定書は、世界で初めて、温室効果ガスの排出量を国別に管理し、削減していくという枠組みを作ったという点で、大きな役割を果たしたといえます。ただし、中国やインドなどの排出量の多い国も含め、すべての途上国に削減義務がないなど、少なからず問題点もありました。

その後、2015年12月に開催されたCOP21において、196の国と地域が**「パリ協定」**を採択しました。このパリ協定は、京都議定書の後継に相当し、2020年から運用が始まっています。

パリ協定は、温室効果ガスの排出を削減していくための国際的な枠組みであり、世界共通の長期目標として「世界の平均気温上昇を産業革命以前に比べて2℃より十分低く保ち、1.5℃に抑える努力をする」ことを掲げています。そして、先進国だけでなく、途上国を含むすべての参加国に対し、2020年以降の「温室効果ガス削減・抑制目標」を定めることを求めています。併せて、長期的な「低排出

＊**COP**　Conference of the Partiesの略。国連気候変動枠組条約締約国会議のこと。

発展戦略」を作成して提出するよう、努力することも求めています。なお、各国の削減・抑制目標については、それぞれの国情を勘案し、自主的に策定することが認められています。

2022年11月に開催されたCOP27では、ロス＆ダメージ（気候変動の悪影響にともなう損失と損害）支援のための措置や基金の設置などが決定されています。

世界各国の取り組み

世界各国では、脱炭素化を進めるに当たり、「脱炭素化は、経済成長のための産業政策になり得る」という前向きな観点から積極的に取り組んでいます。現在のように大量のCO_2を排出しながら経済社会を回す炭素社会から、CO_2排出をともなわない脱炭素社会へ転換していくには、たいへんな労力とコストがかかります。しかしながら、自国の脱炭素化に取り組む過程で技術やノウハウを蓄積できれば、それを活かして自国の競争優位を築くことができます。そして、世界の中でいち早く脱炭素社会へ移行できれば、自国で開発した技術を搭載した製品や社会インフラを他国へ輸出することができるのです。

脱炭素化の背景と世界の動向

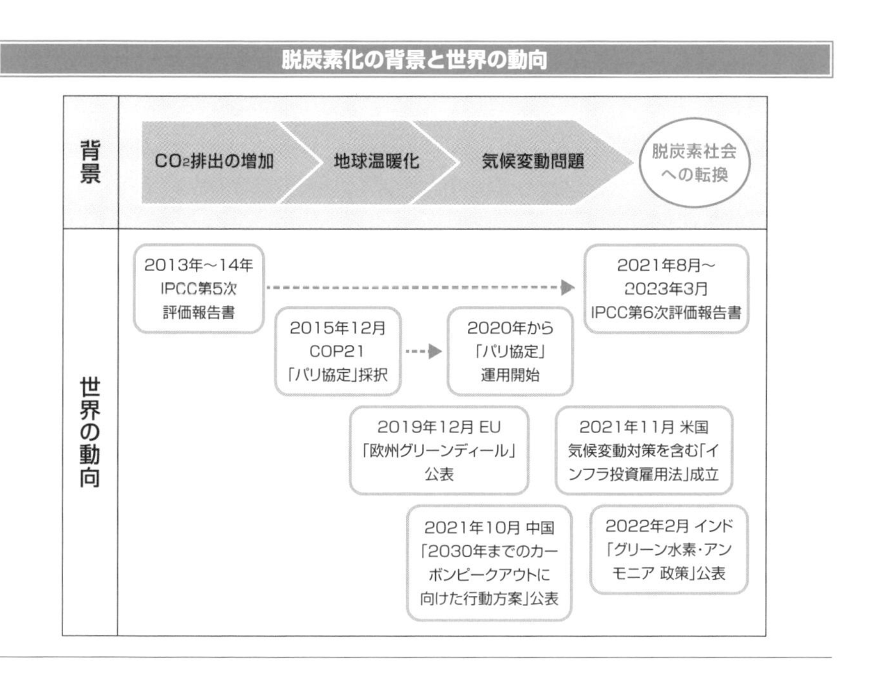

2-3 主要国の動向① EU

EUは脱炭素において、世界の中で最も先進的な取り組みを進めています。欧州グリーンディールは、脱炭素社会へ構造転換を図るための包括的な経済成長戦略であると同時に、気候変動対策やエネルギー政策を立案する際の基盤になっています。

欧州グリーンディール

欧州連合（EU*）とは、欧州連合条約に基づき、経済通貨同盟、共通外交・安全保障政策、警察・刑事司法協力などの幅広い分野において、加盟国が協力する政治・経済統合体のことです。EUでは、加盟国が国家主権の一部をEUに委譲し、EU域外に対する統一的な通商政策などを実施しています。2023年10月現在で、ドイツ、イタリア、フランスを始めとして、欧州の27カ国が加盟しています。

EUは、脱炭素で世界の先頭を走っている、と言われています。気候変動を人類共通の問題と認識した上で、その対策の実施が避けて通れない道なのであれば、他国に先駆けて取り組むことにより、脱炭素に関する競争の土俵やルールを自分たちに有利になるように作ってしまおう、という狙いを持っています。

図は、EUにおける脱炭素社会の実現に向けた政策の流れと、その達成に必要となる投資額を示しています。公的資金を活用して民間資金を呼び込み、投資規模を拡大させていく方針です。

2019年12月に、EUは**欧州グリーンディール**を公表しています。欧州グリーンディールは、2050年に、温室効果ガスの排出を実質ゼロにする「気候中立*」を目標に掲げています。そして2030年に向け、生物多様性戦略、新産業政策と循環経済行動計画、持続可能な食料に関する「農場から食卓まで」戦略、公害のない欧州に向けた提案などを提示しています。欧州グリーンディールは、脱炭素社会へ構造転換を図るための包括的な経済成長戦略であると同時に、EUにおいて気候変動対策とエネルギーに関する政策を立案する際の基盤となっています。

＊**EU**　European Unionの略。

＊**気候中立**　英語では「Climate Neutral」。気候中立とカーボンニュートラル（炭素中立）は、ほぼ同義である。気候中立では、CO_2だけでなく、すべての温室効果ガスに焦点を当てる。

グリーンディール産業計画

2023年2月に、EUは**グリーンディール産業計画**を公表しています。EU域内において、温室効果ガス排出の実質ゼロ化に寄与する技術を用いた製品の製造能力を拡大しやすいように、事業環境を整備することを狙っています。グリーンディール産業計画は、規制環境の改善、資金調達の支援、人材開発、貿易の促進の4つの柱で構成されています。

規制環境の改善では、「ネットゼロ産業法案」を2023年3月に発表することを明示しています。そして発表された同法案では、太陽光・太陽熱発電、陸上・洋上風力発電、バッテリー・蓄電技術、ヒートポンプ・地熱発電、水素製造用の電解装置・燃料電池、持続可能なバイオガス・バイオメタン、CCS（CO_2回収貯留）、グリッド技術の8つを、戦略的な開発を推進すべき技術と位置づけています。そして、これらの技術を用いた製品の生産拠点を展開するに当たり、これまで大きな障壁の一つとなっていた許認可プロセスを簡略化しています。許認可プロセスを一つの窓口で対応するワン・ストップ・ショップを加盟国ごとに導入することに加え、許認可プロセスの各段階に審査期限を設定することにしています。

欧州グリーンディールに関連する主な政策と必要な投資額*

項目	内容	金額
「欧州グリーンディール」（2019年12月）	【2050年気候中立と経済成長の両立を目指す政策】 ・2050年までの気候中立の法制化や、2030年目標の引き上げ等を提示	2030年目標（▲40%）達成に年2,600億€の追加投資必要
「欧州グリーンディール投資計画」（2020年1月）	【「欧州グリーンディール」の資金動員方針】	今後10年間、少なくとも1兆€の官民資金を動員
2030年目標引き上げ（2020年9月提案、12月合意）	・2030年までのGHG排出削減目標を、▲40%から▲55%（1990年比）へ引き上げ	2030年目標（▲55%）達成に年3,500億€追加投資必要
「REPowerEU」（2022年5月）	【エネルギーの脱ロシア依存を目指す政策パッケージ】 ・再エネ比率とエネルギー効率化に関する2030年の目標を「Fit for 55」から引き上げ等	2027年まで計2,100億€、2030年まで計3,000億€
「グリーンディール産業計画」（2023年2月）	・欧州のネット・ゼロ産業の競争力を強化し、気候中立への迅速な移行を支援	―

（注）特記ない限り、「項目」のカッコ内は発表年月
（資料）欧州委員会資料より国際通貨研究所作成

*…な投資額　国際通貨研究所 経済調査部「欧州の脱炭素政策における資金動員について～公的資金を中心に～」篠原令子（2023年3月）p.3より、表の一部を割愛して掲載。

2-4
主要国の動向② ドイツ

ドイツは世界有数の先進工業国であると同時に、国際社会から環境先進国という評価を受けています。ここでは、ドイツの脱炭素化の取り組みやウクライナ危機の影響について解説します。

EUと加盟国の関係

EUの政策や法制度は、加盟国の政策や法制度に反映されて組み込まれます。つまり、EUが制定した法律（EU法）により、加盟国は拘束されることになるのです。ただし、加盟国はすべての権限をEUに委譲しているわけではありません。たとえば、農業・漁業やエネルギーなど、不足すれば自国民の生存を脅かしてしまうような分野などにおいては、EUも加盟国も共に権限を持っています。

したがって、加盟国はエネルギーや脱炭素の分野において、EU法を遵守しながら、各国の事情に応じ、独自の政策を進めています。ここでは、EU加盟国の中で、最もCO_2排出量が多いドイツに着目し、その脱炭素化の取り組みをみていきましょう。なお、ドイツは世界有数の先進工業国であり、GDP*の規模は欧州の中で第1位になります。

ドイツにおける脱炭素化の取り組み

ドイツでは、2021年5月に気候保護法の改正法案が閣議決定され、気候中立の達成時期について、それまでの2050年から2045年へ前倒しされています。他の多くの国が温室効果ガス排出実質ゼロの達成時期を2050年に設定する中、ドイツは脱炭素で世界をリードすべく、他国よりも5年早い達成目標を掲げているのです。

再生可能エネルギーの導入については、2022年7月に再生可能エネルギー法（EEG）を改正し、2030年の電源構成における再生エネの占める比率を、それまでの65%から80%へ引き上げています。

また、水素エネルギーの活用については、2020年6月に国家水素戦略を策定し、

*GDP　Gross Domestic Productの略。国内総生産のこと。

90億ユーロの投資を実施することを公表しています。そして、2023年7月に国家水素戦略を改定し、国内水素生産能力の2030年の目標を、改定前の5GWから10GWへ引き上げています。ドイツでは、脱炭素化へ向けて、水素も重要な役割を担うエネルギー源と位置づけているのです。

ウクライナ危機の影響

脱炭素化へ向けた取り組みの中で、エネルギー政策は大きなウェイトを占めています。このエネルギー政策は、国際情勢の影響を強く受けます。2022年2月に始まったロシアによるウクライナへの軍事侵攻によって、欧州を始めとして世界各国はエネルギー政策の見直しを迫られました。とりわけロシアからのエネルギー供給に依存していたドイツでは、突然、天然ガスと石油の不足や急激なコスト高に直面してしまいました。

図に示すように、エネルギー安全保障が喫緊の課題となり、気候変動対策では一部で遅延が生じています。ただし、再生可能エネルギーの導入拡大は、脱ロシア依存を加速させることができるため、ウクライナ危機前に比べ、ウクライナ危機発生後の再生エネの導入目標は強化されています。

ウクライナ危機を受けたドイツ政府の対応*

		ウクライナ危機前	ウクライナ危機後
気候変動、脱炭素	カーボン・ニュートラル	45年までに達成	維持
	石炭火力発電	38年までに全廃（30年までを目指す）	遅延：「30年まで」は維持も、23年4月まで一部再稼働
	原子力発電	22年末まで全廃	遅延：23年4月まで延期
	再エネ	30年までに電源構成65%（80%を目指す）	強化：「80%」に高める、許可迅速化など
エネルギー安保	脱ロシア依存	ロシア依存は、原油22年末ゼロ、ガス24年夏10%を掲げ、すでに実現（原油ゼロ、ガス5%以下）	
	ガス不足時の対応	石炭発電再開、価格上限設定、企業の政府下管理など	
	企業・家計支援	22年9月に2千億ユーロの対策（1年間でガス・電気料金の上限導入など）	

（備考）1. 日本政策投資銀行作成　2. 22年再エネの電力消費量に占めるウエートは46%

＊…の対応　日本政策投資銀行 産業調査部 経済調査室「エネルギー危機が脱炭素先進国ドイツの製造業に及ぼす影響」（2023年5月）p.3より。

2-5 主要国の動向③ 米国

米国は、世界の中でGDPが第1位、CO_2排出量が第2位であり、脱炭素化において最も注目すべき国の一つであることは間違いありません。バイデン政権になってから、税制優遇や補助金などによる脱炭素政策を積極的に推進しています。

政権交代でぶれる政策

民主主義の国家では、どの国であっても選挙によって政権が変われば、エネルギー政策や気候変動対策は多かれ少なかれ変わってしまいます。特に米国では、政権交代による政策の大きなぶれが見られます。2024年11月には大統領選挙が行われますので、もし政権交代があれば、気候変動対策が大きく後退する恐れがあるため、注意しておく必要があります。

オバマ政権（2009年1月～2017年1月）は、気候変動対策や雇用拡大を目的とした経済刺激策であるグリーン・ニューディール政策を打ち出して実行しました。

次のトランプ政権（2017年1月～2021年1月）は、パリ協定からの離脱や国内の化石燃料産業の振興などを行い、気候変動対策にはかなり後ろ向きでした。

一方、バイデン政権（2021年1月～）は、気候変動対策に前向きであり、2021年2月にはパリ協定へ復帰しています。ここでは、近年の米国の取り組み、すなわちバイデン政権の取り組みをみていきましょう。

近年の脱炭素化の取り組み

図は、バイデン政権が進めてきた脱炭素化の主な取り組みを示しています。米国ではバイデン政権になってから、長期目標として2050年に温室効果ガス排出の実質ゼロを、中期目標として2030年に温室効果ガスの50～52%削減（2005年比）を掲げています。

2021年11月には、新規支出規模が5,500億ドルのインフラ投資雇用法を成立させています。インフラ投資雇用法では、電気自動車（EV）の充電設備などの輸送インフラの整備、および電力やブロードバンドなどのインフラ整備を進めます。

　また、2022年8月には、インフレ抑制法を成立させています。インフレ抑制法は、過度なインフレ（物価の継続的な上昇）を抑制すると同時に、気候変動対策を迅速に進め、エネルギー安全保障を強化することを狙っています。インフレ抑制法では、10年間の歳出総額4,370億ドルのうち、その84%を占める3,690億ドルを気候・エネルギー分野へ投資します。

　具体的には、太陽光、風力、地熱、バイオマス等の再生可能エネルギーの導入を促進するため、再生エネ関連の設備投資に対する投資税額控除や生産税額控除などの施策を講じています。また、EVの購入に対する税額控除、CO_2の回収・貯留に関する税額控除、温室効果ガスの排出削減技術に関する補助金・融資などの施策も講じています。

バイデン政権の主な取り組み*

項目	内容
2050年 実質ゼロ目標の設定 (2021年1月)	大統領令により、法的拘束力のある、2050年の温室効果ガス排出の実質ゼロ目標を設定
パリ協定への復帰 (2021年2月)	就任初日に再加入の文書を国連へ提出し、正式にパリ協定へ復帰
中期目標の設定 (2021年4月)	2030年の排出削減目標として、2005年比で50～52%削減とするNDCを国連へ提出
インフラ投資雇用法の成立 (2021年11月)	EVの充電設備などの輸送インフラの整備、電力やブロードバンドなどのインフラ整備を推進
インフレ抑制法の成立 (2022年8月)	10年間の歳出総額4,370億ドルのうち、84%を占める3,690億ドルを気候・エネルギー分野へ投資

*…**取り組み**　各種資料をもとに筆者作成。

2-6 主要国の動向④ 中国

中国は世界最大のCO_2排出国であると同時に、再生可能エネルギーの累積導入量や発電量においても世界最多となっています。2060年のカーボンニュートラルを目指し、非化石エネルギーへのシフトを中心に脱炭素化の動きが活発化しています。

新興国の利点

中国やインドを始めとする新興国には、再生可能エネルギーなどの脱炭素技術を導入しやすいという利点があります。先進国では、毎年の電力需要の増加量が少ない中、再生エネを大量に導入すれば、既存の火力等の発電設備の稼働を休止し、ゆくゆくは発電設備を廃棄する必要が生じるため、慎重に導入を進める必要があります。これに対して新興国では、経済発展にともなって電力需要が増えた分を、再生エネを新規に導入して賄えばよいため、既存設備との置き換えの問題は生じません。このように新興国は、既存の化石燃料を使用する発電設備から、新たに再生エネの発電設備へ転換していくプロセスやコストをあまり考慮する必要がないため、円滑に、かつ素早く再生エネの導入を進めることができるのです。

さて、中国はCO_2の排出量で世界第1位であると同時に、再生可能エネルギーの累積導入量や発電量においても世界第1位となっています。中国は環境対策の面で遅れたイメージがあるのですが、太陽光発電や風力発電といった再生エネの活用面では世界の先頭を走っています。

脱炭素化の取り組み

2020年9月、国連総会の一般討論演説において、中国の習近平国家主席は「CO_2排出量を2030年までに減少に転じさせ（ピークアウト）、2060年までにCO_2排出量と吸収・除去量を差し引きゼロにするカーボンニュートラルを目指す」ことを表明しました。EUや米国を始めとして、多くの国がカーボンニュートラルの達成時期を2050年に設定する中、中国の2060年という目標設定はそれよりも10年遅いのですが、世界最大のCO_2排出国が達成時期を明示したことは、国際社会へ少なからぬ影響を与えています。

中国では、2021年10月に「2030年までのカーボンピークアウトに向けた行動方案」を公表しています。図は、この行動方案に掲げられた分野別の取り組みと数値目標を示しています。たとえば、エネルギー分野では、2030年までに風力発電と太陽光発電の設備容量を12億kW以上、揚水発電を1.2億kWにする計画です。現在、中国では発電コストの安い石炭火力発電が主力であり、再生可能エネルギーなどの非化石エネルギー消費の割合を高めていくことが、カーボンピークアウトを実現する鍵を握っています。

一方、2022年3月に「水素エネルギー産業発展中長期規画」を公表しています。この規画では、2025年までに、再生可能エネルギーによる水素製造を年間10万～20万トン、燃料電池自動車（FCV）の保有台数を5万台とする目標を掲げています。中国は、カーボンニュートラルの実現に向け、水素を最も重要な手段の一つに位置づけています。

2030年までのカーボンピークアウトに向けた行動方案*

分野	目標
エネルギー分野	2030年までに風力と太陽光発電の設備容量を12億kW以上、揚水発電を1.2億kW。第14次(2025年)・第15次(2030年)五カ年規画中にそれぞれ水力発電4,000万kWを建設。
工業分野	産業廃棄物のリサイクル利用を奨励する。2025年までに石油精製能力を10億トン以下に抑制。
交通分野	2030年までに新エネルギーとクリーンエネルギーを動力とする交通機関の割合を約40%にし、陸上輸送の石油消費をカーボンピークアウトさせ、民用航空の車両・設備などを全面的に電動化させる。
資源リサイクル	2025年までに大型固体廃棄物の利用量を約40億トン、鉄・非鉄スクラップ、古紙、廃プラなどのリサイクル量を約4.5億トン。2030年にはそれぞれ45億トン、5.1億トンへ。

出所：中国国務院「2030年までのカーボンピークアウトに向けた行動方案」からジェトロ作成

*…行動方案　日本貿易振興機構（ジェトロ）のホームページ（https://www.jetro.go.jp/biz/areareports/2023/95e09adb901659bb.html）より。

2-7 主要国の動向⑤ インド

インドでは、経済発展によりエネルギー消費などが増加し、それにともなってCO_2排出量も増えています。2070年の温室効果ガス排出実質ゼロを表明し、対策に取り組んでいます。

どんな国なの？

皆さんはインドという国に、どんなイメージを持たれているでしょうか。カレー、ターバン、仏教、ガンジー、ガンジス川、環境汚染、貧困、アジアの大国など、さまざまなワードが頭に浮かびますが、その実態を正しく理解するのは簡単なことではありません。なぜなら、インドには約5000年前から文明が存在していたことに加え、現在は多民族、多言語、多宗教の国民からなる多様性を内在した国家と言えるからです。

とはいえ、ここではまず、CO_2排出と関連のあるインドの外形的な特徴を確認しておきましょう。国連人口基金の「世界人口白書2023」によれば、2023年のインドの人口を14億2,860万人と推計しており、初めて中国の14億2,570万人を抜き、インドが世界最多となっています。また、2022年のインドの名目GDPは3兆3,851億ドルで世界第5位の経済規模となっています。そして、経済規模の拡大を背景にCO_2排出量を増加させており、CO_2排出量（2020年のエネルギー起源CO_2）で世界第3位となっています。

インドの人口やGDPは今後も増加していくことが見込まれており、現状のままではCO_2の排出量もどんどん増えてしまいます。したがって、気候変動対策の観点から、CO_2の排出削減への強力な取り組みが、インドには求められています。

脱炭素化の取り組み

2021年11月、インドはCOP26において、「2070年までに温室効果ガス排出の実質ゼロを達成する」ことを表明しました。図は、インドのカーボンニュートラル（CN）へ向けた取り組みを示しており、積極的に政策を打ち出していることが

＊**NDC**　Nationally Determined Contributionの略。パリ協定で定められており、すべての国が温室効果ガスの排出削減目標を「国が決定する貢献（NDC）」として、5年毎に提出・更新する義務がある。

わかります。

図中のNDC*は、「国が決定する貢献」のことです。インド政府は、2030年までに、非化石起源の電源の割合を50%に引き上げること、およびGDP当たりの温室効果ガスの排出量を2005年比で45%削減することを、新たなNDCとして2022年8月に閣議決定しています。特に、インドでは石炭火力発電に大きく依存しているため、太陽光や風力などの再生可能エネルギーの導入拡大が重要なテーマの一つになります。

一方、水素エネルギーの活用では、2021年8月に「国家水素ミッション」を策定し、2030年までにグリーン水素の年間生産量を500万トンまで増やすことなどを目標に掲げています。そして2022年2月には、その具体的な計画である「グリーン水素・アンモニア政策」が公表され、グリーン水素・アンモニア生産者に対して、再生エネ調達の優遇策などが提示されています。

インドのカーボンニュートラル（CN）へ向けた目標と政策*

CN目標

- CN目標：2070年までにネットゼロ達成
（2022年改訂NDCでは「長期目標」として記載）
- NDC：2030年までに非化石起源の電源50%
2030年までにGHG/GDP原単位を2005年比45%削減

CN達成に向けた主要政策・予算

- 独立100周年となる2047年までのエネルギーの自立に向け、5分野（ガスベース経済、バイオ燃料（バイオエタノール等）、EV、再エネ、グリーン水素）を推進すると表明。
- 再エネ：2030年までに再エネ450GWを目標（現状、110GW規模）
…後述ISAも含めて積極的に展開
- 水素：2030年までにグリーン水素500万トン生産を目標（「国家水素ミッション」、2021年）
⇒グリーン水素製造における再エネ優遇策に加え、国内製造推進（補助金）等の議論。
- 原子力：2030年非化石電源50%達成に向け、新たに20基の原子炉を2031年まで建設予定。
- インド政府は「ISA（国際太陽同盟）」を主導し、アフリカ・中南米・島嶼国等へのソーラー展開を推進。「ISA」においても、日米欧の参画を得て、投資の呼び込みに努めている。
- G20では世界バイオ燃料同盟（GBA）を立ち上げ、持続可能な燃料としてE20、SAFの世界普及を推進。

※IEAは同国の2022年石炭消費量は好調な経済成長により過去最高を記録したとレポート。

*…**目標と政策** 新エネルギー・産業技術総合開発機構 技術戦略研究センター「COP28に向けたCNに関する海外主要国（米・中・EU・英・独・インドネシア・インド・UAE・サウジアラビア）の動向 ～地球沸騰化時代のグローバルサウスの台頭と中東諸国のCNへの動向～」（2023年11月）p.55を基に作成。

2-8 グローバル企業の動向

産業活動を支えているのは企業であり、中でもグローバル企業の動向は脱炭素社会を実現する鍵を握っています。グローバル企業では、脱炭素化の目標や施策を積極的に打ち出すことに加え、産業界で連携した取り組みも進めています。

グローバル企業が脱炭素で連携

世界中で事業を展開するグローバル企業は、その巨大な事業規模、および多くの人々に知られ注目されていることから、社会や産業界に大きな影響力を持っています。したがって、グローバル企業には、現在の炭素社会から持続可能な脱炭素社会への転換を先導する役割を果たすことが期待されています。グローバル企業にとって、このような期待に応えることは、社会貢献にとどまらず、自社のブランド力を高めることにつながるため、脱炭素化の目標や施策を積極的に打ち出し、世界市場へアピールしています。

一方、脱炭素社会への転換は、人類共通の課題であり、グローバル企業といえども、単独での取り組みの効果は限定的であるため、世界の産業界が連携して脱炭素化を推進する動きがみられます。

たとえば、再生可能エネルギーの活用では、**RE100**への加盟が広がりをみせており、3M、アクセンチュア、アドビ、アップル、アストラゼネカ、イケアを始めとして、2023年11月現在で423社が加盟しています。RE100とは、事業の運営に必要な電力を100%再生可能エネルギーで調達することを目標に掲げる企業が参加する国際イニシアチブのことであり、2014年にイギリスの国際環境NGOによって設立されました。RE100の狙いは、企業による再生可能エネルギー100%宣言を可視化するとともに、世界における再生エネの普及を促していくことにあります。

また、水素エネルギーの活用に向け、**水素協議会（Hydrogen Council）**が2017年1月に発足しています。水素協議会には、エア・リキード、アルストム、アングロ・アメリカン、BMWグループ、ダイムラー、エンジー、本田技研工業、現代自動車、川崎重工、シェル、リンデ、トタル、トヨタ自動車といった設立メンバーを始めとして、2023年11月現在で約150社が参加しています。水素協議会は、水素関連技術の普及に向けた広範なビジョンの提供や共有を活動目的としたグローバルな活動団体であり、水素および燃料電池セクターの開発と商業化への投資を加速させる役割を担っています。

取り組みの事例 ～一歩先を行くクライメートポジティブ

日本にも出店していて、私たちにも馴染みのあるイケア（オランダ）は、世界最大の家具量販店です。イケアは、2030年までにクライメートポジティブを実現するという目標を発表しています。なお、クライメートポジティブとは、温室効果ガスの排出量より、削減量と吸収量の合計を多くする取り組みをいいます。つまり、企業の活動を通じて、大気中の温室効果ガスを減らすことになるのです。

イケアでは、使用する電力をバリューチェーンの全体にわたり再生可能エネルギー由来に切り替えることにとどまらず、バリューチェーン内の林業や製品を通じて、大気中の炭素を除去し貯留するための取り組みを推進しています（図参照）。

イケアの林業・製品を通じた炭素の除去・貯留の考え方＊

- 伐採された木のCO_2は木製品内に留まる
- 木製品の寿命を延ばすことでCO_2を長く蓄える
- 木材のリサイクルでCO_2を引き続き蓄える

- 人工林は成長が早いのでハイペースで大気中の炭素を除去できる

- 天然林は健全なエコシステムに重要
- 天然林はすでに炭素を蓄えていて生物多様性に貢献
- 天然林は人工林に比べて成長は遅い

＊・・・・の考え方　イケア「クライメートレポート FY22」p.7を参考に筆者作成。

COP28の合意内容は？

国連気候変動枠組条約第28回締約国会議（COP28）が、2023年11月30日から12月13日まで、アラブ首長国連邦（UAE）のドバイで開催されました。COP28では、締約国198カ国の政府代表団などが参加し、気候変動への対応について議論が行われました。

COPでは、先進国や途上国といった立場、およびエネルギー事情などが国によって異なり、利害の対立なども生じることから、理想的な内容での合意形成は極めて難しくなります。とはいえ、今回のCOP28でなされた合意により、「気温の上昇を産業革命以前に比べて1.5℃に抑える」という目標の達成に向け、国際社会は一歩前進することができたと言えるでしょう。ここでは、その主な合意の内容について確認しておきましょう。

今回、世界有数の産油国であるUAEが議長国ということもあり、特に注目されたのが、石炭・石油・天然ガスといった化石燃料の段階的廃止に合意できるか、という点でした。交渉は難航し、会期を一日延長して議論が重ねられ、化石燃料の「段階的廃止」という文言ではなく、化石燃料からの「脱却」という表現にすることで合意にこぎつけました。合意文書には、「2050年までにネットゼロ（温室効果ガス排出の実質ゼロ）を達成するために、公正で秩序立てた衡平な方法で、エネルギー・システムにおいて化石燃料からの脱却を図り、この重要な10年にその行動を加速させる」と明記されています。

また、COP28では、パリ協定の実施状況を検証し、長期目標の達成に向けた全体としての進捗を評価する仕組みであるグローバル・ストックテイクについて、初めての決定が採択されました。この採択された決定文書には、①1.5℃目標達成に向け緊急に行動することの必要性、②2025年までの排出量のピークアウト、③すべての温室効果ガスおよび産業・運輸・家庭等のすべてのセクターを対象とした排出削減、④各国ごとに異なる道筋を考慮した分野別貢献として、2030年までに再生可能エネルギーの容量を3倍、エネルギー効率の改善率を2倍にすることなどが明記されています。

このほか、ロス＆ダメージ（気候変動の悪影響にともなう損失と損害）に対応するための基金を含む新たな資金措置の制度の大枠について決定がなされています。

第3章

日本の脱炭素へ向けた政策

日本国内では、夏場の猛暑、台風の大型化、豪雨の頻発など、地球温暖化が原因とみられる気候変動問題が顕在化しつつあります。一方、国際社会では、パリ協定の1.5℃目標の達成が不可欠であるとの認識が広がり、各国が脱炭素化に積極的に取り組んでいます。

このような中、日本政府は、2020年10月に2050年カーボンニュートラルを宣言しました。カーボンニュートラルの実現を前提に、国のエネルギー政策の基本的な方向性を示す「第6次エネルギー基本計画」や、経済と環境の好循環を狙う産業政策である「グリーン成長戦略」を始めとして、脱炭素に関する7つの主要な政策を策定しています。

3-1 国内の動向

世界でカーボンニュートラルを表明する国が相次ぐ中、日本は2020年10月に、2050年カーボンニュートラルを目指すことを宣言しています。この宣言以降、政策を総動員して脱炭素化に取り組むべく、矢継ぎ早に政策が策定・公表されています。

カーボンニュートラルを宣言

カーボンニュートラルの達成時期を明言している国や地域は、2022年10月時点で合計150を超えています。先進国、途上国を問わず、世界中の多くの国々が、温室効果ガス排出実質ゼロの達成を2050年等の年限付きで表明しているのです。

このような中、日本政府も、2020年10月に、2050年までに温室効果ガスの排出を全体としてゼロにする、カーボンニュートラルを目指すことを宣言しています。これにより日本の気候変動対策は、高次の段階に移行することになったのです。

政府は、エネルギーの転換、脱炭素化のための技術開発、投資環境の整備、規制の改革などの政策を総動員して、社会構造や産業構造を転換していく方針です。たとえば、エネルギー政策では、省エネルギーを徹底し、再生可能エネルギーを最大限導入するとともに、安全最優先で原子力政策を進めることで、安定的なエネルギー供給を確立する方針です。また、技術開発では、次世代型太陽電池やカーボンリサイクルを始めとした革新的なイノベーションに着目し、実用化を見据えた研究開発を支援していく方針です。投資環境では、環境に配慮した経済活動への投資であるグリーン投資を普及させていくために、市場の環境を整備するとしています。

脱炭素に関する政策の動向

2050年カーボンニュートラルを宣言したことを踏まえ、2030年度の温室効果ガスの削減目標の見直しが行われました。そして2021年4月に、政府は2030年度の温室効果ガスの目標について、従来の26%削減（2013年度比）から46%削減（同比）に引き上げることを表明しています。

2021年10月に改定された「地球温暖化対策計画＊」には、この2030年度に温室効果ガスを46%削減する目標が明記されています。同じく2021年10月に閣議決定された「パリ協定に基づく成長戦略としての長期戦略」には、2050年カーボンニュートラルに向けた基本的な考え方やビジョンなどが示されており、国連気候変動枠組条約事務局へ提出されています。なお、地球温暖化対策計画と長期戦略の位置づけについては、3章4節の図に示されています。

さて、下図は、日本国内の脱炭素化に関連する主な政策を整理したものです。2020年10月に、2050年カーボンニュートラルを宣言して以降、「グリーン成長戦略」「みどりの食料システム戦略」「地域脱炭素ロードマップ」「国土交通グリーンチャレンジ」「第6次エネルギー基本計画」「クリーンエネルギー戦略（中間整理）」「GX実現に向けた基本方針」と、矢継ぎ早に政策が策定・公表されていることがわかります。

日本の脱炭素化に関連する政策

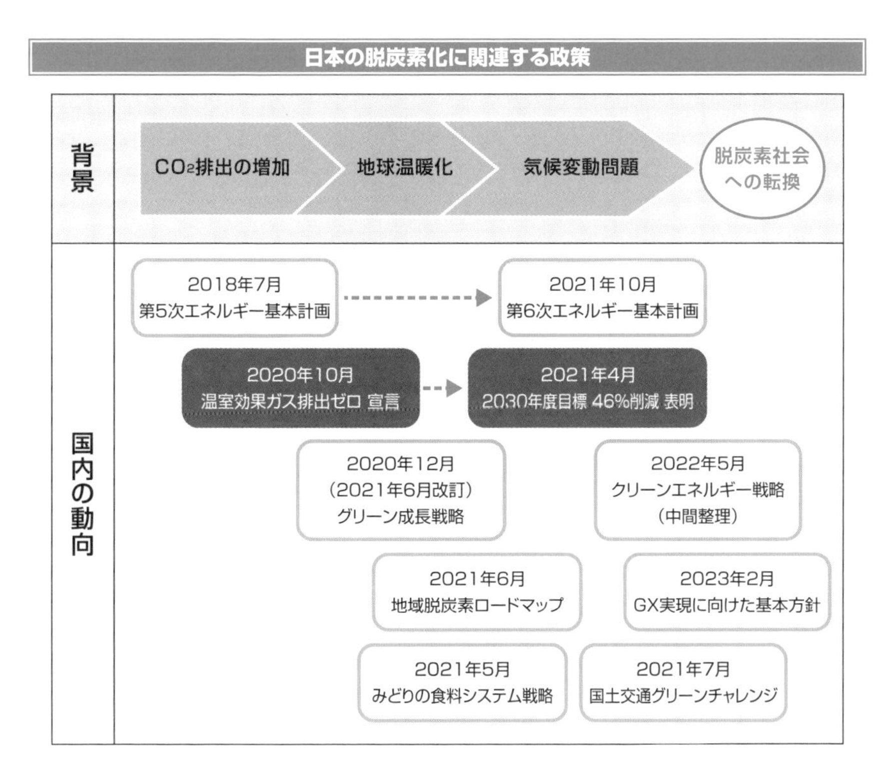

＊**地球温暖化対策計画**　地球温暖化対策推進法に基づく政府の総合計画であり、温室効果ガスの排出抑制と吸収の量に関する目標、事業者や国民等が講ずべき措置に関する基本的事項、目標達成のために国や地方公共団体が講ずべき施策等について記載されている。

3-2
エネルギー基本計画

エネルギー基本計画は、エネルギーの需給に関して、長期的・総合的・計画的な施策の推進を図るための基本的な方向性を示しています。エネルギー源を非化石燃料へ転換し、脱炭素電源の割合を高めることは、重要なテーマの一つとして掲げられています。

エネルギー政策基本法とエネルギー基本計画

脱炭素社会の構築に向けては、消費するエネルギー源を化石燃料から、再生可能エネルギーなどのCO_2排出のともなわない非化石燃料へ転換していくことが最も重要な課題の一つになります。

このようなエネルギーに関する国の政策の基本方針を定めるのが、**エネルギー政策基本法**です。エネルギー政策基本法は、2002年に施行されており、「安定供給の確保」「環境への適合」「市場原理の活用」の3つを基本方針に掲げています。なお、市場原理を活用することにより、経済効率性を向上させることができ、それはエネルギーコストの引き下げにつながります。

この3つのバランスをとりながら政策を立案することがエネルギー政策の肝（きも）であり、環境への適合には地球温暖化の防止や循環型社会の形成といった視点が含まれます。エネルギー政策基本法の定めにより、政府には**エネルギー基本計画**を策定することが義務付けられています。

エネルギー基本計画は、エネルギーの需給に関して、長期的で総合的かつ計画的な施策の推進を図るため、その基本的な方向性を示すものです。2003年に初めて策定された後、3～4年ごとに見直しが行われています。近年では、2018年7月に「第5次エネルギー基本計画」が閣議決定されています。第5次エネルギー基本計画は、パリ協定の発効を踏まえ、2050年に向けたエネルギー政策を強く意識したものになっており、脱炭素化やエネルギー転換への挑戦を掲げています。そして2030年に向けた政策対応として、「再生可能エネルギーの主力電源化」に向けた取り組みの推進などがあげられています。

第6次エネルギー基本計画

2021年10月に、最新の「第6次エネルギー基本計画」が閣議決定されました。第6次エネルギー基本計画では、2050年までにカーボンニュートラル（温室効果ガス排出実質ゼロ）を実現すること、および2030年度に温室効果ガス46%削減（2013年度比）を実現することを目指し、あらゆる可能性を排除せず、使える技術はすべて使うとの発想に立って取り組むとしています。

具体的には、電源の脱炭素化や電化の促進が鍵となる中、再生可能エネルギーを主力電源として位置づけ、最大限の導入を図っていくなどの方針を掲げています。図は、第6次エネルギー基本計画で示された2030年度の発電電力量と電源構成の見通しを示しています。脱炭素電源は、再生エネが36～38%、原子力が20～22%、水素・アンモニアが1%という内訳になります。なお、水素・アンモニアについては、ガス火力への30%水素混焼や水素専焼、石炭火力への20%アンモニア混焼の社会実装を目標に掲げています。

2030年度の発電電力量と電源構成*

[億kWh]	発電電力量	電源構成
石油等	190	2%
石炭	1,780	19%
LNG	1,870	20%
原子力	1,880～2,060	20～22%
再エネ	3,360～3,530	36～38%
水素・アンモニア	90	1%
合計	9,340	100%

※数値は概数であり、合計は四捨五入の関係で一致しない場合がある

[億kWh]	発電電力量	電源構成
太陽光	1,290～1,460	14～16%
風力	510	5%
地熱	110	1%
水力	980	11%
バイオマス	470	5%

※数値は概数。

*･･･**電源構成**　資源エネルギー庁のホームページ（https://www.enecho.meti.go.jp/about/special/johoteikyo/energykihonkeikaku_2022.html.html?ui_medium=lpene）より。

3-3 グリーン成長戦略

グリーン成長戦略は、カーボンニュートラルへの挑戦を「コストではなく成長の機会と捉える」という発想から策定された産業政策です。予算面では、2兆円のグリーンイノベーション基金をNEDOに創設し、最長10年間の継続的な支援を行っています。

14の重要分野

脱炭素社会への転換を進めていくには、推進力となるものが必要であり、その役割を担っているのが産業政策です。脱炭素を中心に据えた産業政策を推し進めることで、脱炭素社会を実現すると同時に、経済成長という果実を手に入れることができます。企業や家計などの経済主体にとって、経済成長とは物質的に豊かになるということであり、脱炭素へ向けた行動をとる動機づけとなるのです。

さて、2020年12月、経済産業省は関係省庁と連携し、経済と環境の好循環につなげるための産業政策として「2050年カーボンニュートラルに伴うグリーン成長戦略」を策定しています。なお、この**グリーン成長戦略**は、革新的環境イノベーション戦略（7章2節参照）などをベースに策定されています。そして2021年6月には、グリーン成長戦略をより具体化させた改訂版を公表しています。

図は、グリーン成長戦略で取りあげられた、今後の成長が期待できる14の産業分野を示しています。産業分野は多岐にわたりますが、エネルギー関連産業、製造·輸送関連産業、家庭・オフィス関連産業の3つに分けて整理できます。たとえばエネルギー関連産業では、「洋上風力·太陽光·地熱産業」「水素·燃料アンモニア産業」「次世代熱エネルギー産業」「原子力産業」の4つがあげられます。

各分野において具体的に取り組むテーマは、用いる技術などによって市場拡大までの時間軸が異なり、足下から2030年にかけて市場が立ち上がるものから、2040年代に入って立ち上がるものまで多様です。たとえば洋上風力発電では、2030年までに1,000万kW、2040年までに浮体式も含めて3,000万～4,500万kWという導入目標を掲げています。

2兆円の基金を創設

　グリーン成長戦略では、予算、税制、金融、規制改革・標準化、国際連携などの政策ツールを総動員することにより、2050年カーボンニュートラルの実現を目指します。このうち予算については、総額2兆円の「グリーンイノベーション基金」を新エネルギー・産業技術総合開発機構（NEDO）に創設しています。重要なプロジェクトを対象に、官民で野心的かつ具体的な目標を共有した上で、目標達成に挑戦することをコミットした企業に対し、研究開発・実証から社会実装まで最長10年間の継続的な支援を行っています。

成長が期待される重要分野*

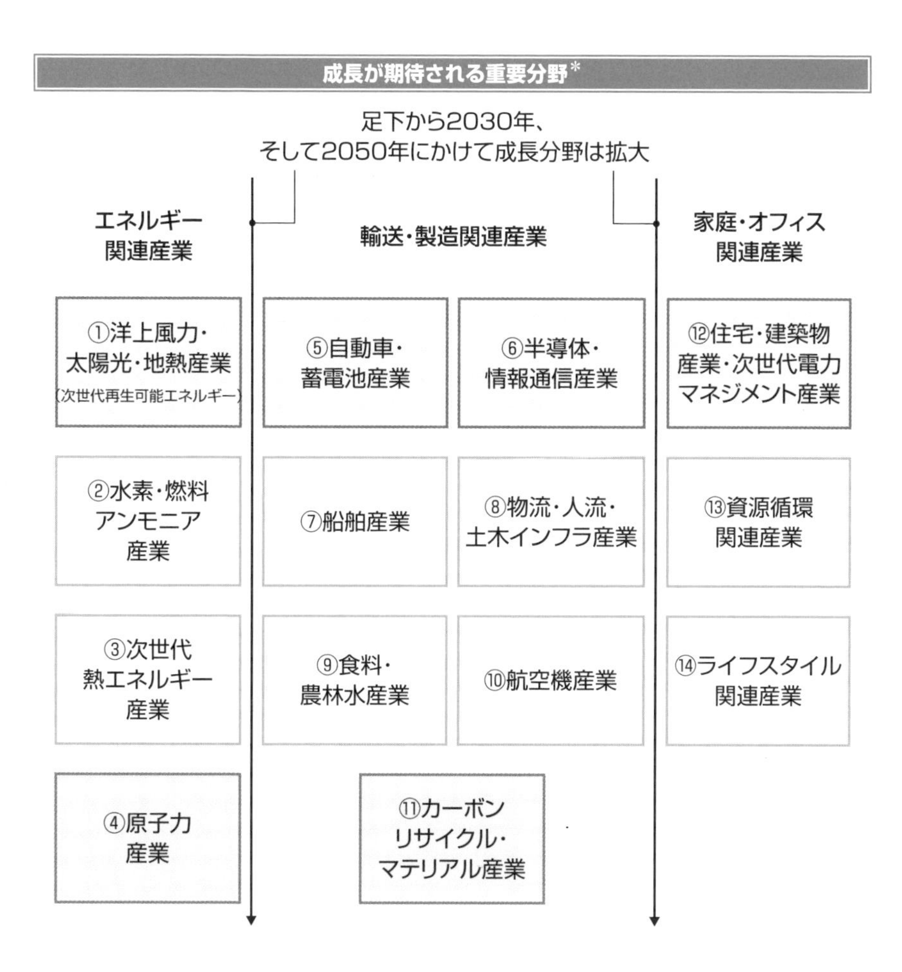

＊…**重要分野**　経済産業省等「2050年カーボンニュートラルに伴うグリーン成長戦略」（令和3年6月）p.29より。

3-4 クリーンエネルギー戦略

クリーンエネルギー戦略は、将来にわたりエネルギーの安定供給を確保することを大前提に、成長産業ごとの具体的な道筋、需要サイドのエネルギー転換やクリーンエネルギー中心の経済社会・産業構造への転換に関する政策を整理しています。

カーボンニュートラルへ至る道筋を実行可能な線で描く

2022年5月、経済産業省は**クリーンエネルギー戦略 中間整理**を公表しています。エネルギー基本計画やグリーン成長戦略では、需要サイドの政策が不足していること、企業が成長分野への投資を判断するには、より具体的な政策を示す必要があることから、クリーンエネルギー戦略の検討が進められてきました。

図は、クリーンエネルギー戦略の位置づけを示しており、現在から2050年のカーボンニュートラル実現までの道筋を、点ではなく、実行可能な線で描くことを狙っています。クリーンエネルギー戦略では、2050年カーボンニュートラルや2030年度温室効果ガス46%削減の実現に向け、成長が期待される産業ごとの具体的な道筋、および需要サイドのエネルギー転換やクリーンエネルギー*中心の経済社会・産業構造への転換に関する政策対応について、整理しています。このようなクリーンエネルギー戦略の内容は、大きく「エネルギー安全保障の確保」と「炭素中立型社会に向けた経済・社会、産業構造変革」の二つに分かれます。

一つ目のエネルギー安全保障の確保では、直近のエネルギー情勢の変化への対応策が示されています。2022年2月に始まったロシアによるウクライナ侵略、および同年3月に発生した東日本における電力需給のひっ迫といった事態を踏まえ、エネルギーの安定供給の確保を大前提にして、脱炭素を加速させるためのエネルギー政策を整理しています。具体的には、化石燃料のロシア依存度の低減、再生可能エネルギーの最大限の導入に向けた取り組み、原子力発電所の再稼働の推進などに関する政策が示されています。

* **クリーンエネルギー** 地球環境に悪影響を及ぼさない方法で使用されるエネルギーのこと。代表例は、再生可能エネルギー。

炭素中立型社会に向けた経済・社会、産業構造変革

　二つ目の炭素中立型社会に向けた経済・社会、産業構造変革では、「エネルギーを起点とした産業のGX*」「産業のエネルギー需給構造転換」「地域・くらしの脱炭素に向けた取り組み」「GXを実現するための社会システム・インフラの整備に向けた取り組み」の4つに分けて、政策を整理しています。

　エネルギーを起点とした産業のGXでは、エネルギーの需給構造と産業構造の転換を同時に実現し、脱炭素を経済成長につなげるための方向性、およびGXに取り組む個別の産業における課題や対応の方向性などを整理しています。また、産業のエネルギー需給構造転換では、産業界のエネルギー転換の道筋や具体的な取り組み、それにともなうコスト上昇の見通しなどを整理しています。地域・くらしの脱炭素に向けた取り組みでは、地域社会が主体的に進める取り組みの後押し、国民一人ひとりの理解促進など、課題とその解決策を整理しています。GXを実現するための社会システム・インフラの整備に向けた取り組みでは、上記の3つを踏まえて、GXを実現するために必要となる政策を整理しています。

クリーンエネルギー戦略の位置づけ*

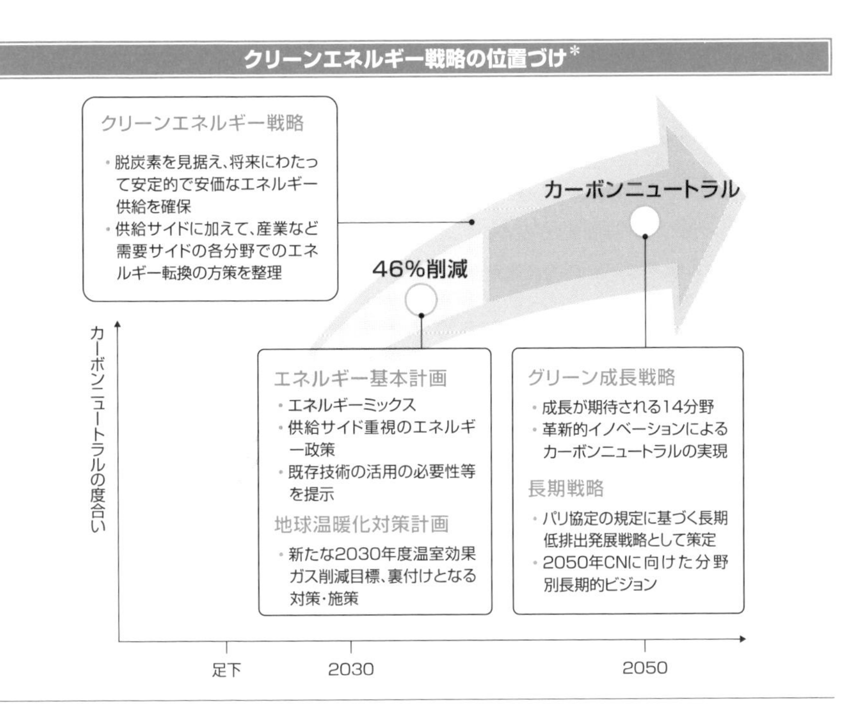

＊**GX**　Green Transformationの略。3章5節を参照。
＊**…の位置づけ**　経済産業省 産業技術環境局・資源エネルギー庁「クリーンエネルギー戦略 中間整理」(2022年5月13日) p.5より。

3-5
GX実現に向けた基本方針

GX実現に向けた基本方針に沿って、政策を具体化し、実行するための取り組みが進められています。政府は、適切な支援と規制を一体的に行うことにより、民間企業の投資を引き出し、150兆円を超える官民投資の実現を目指しています。

GXをキーワードに政策を具体化

クリーンエネルギー戦略の中間整理を踏まえ、**GX（Green Transformation：グリーントランスフォーメーション）**を実行していくための政策について検討が進められ、GXに関する基本方針が取りまとめられました。そして政府は、2023年2月に「GX実現に向けた基本方針」を閣議決定しています。GXとは、化石燃料をできるだけ使用せず、クリーンなエネルギーを利用していくための変革、およびその実現に向けた活動のことをいいます。すなわちGXは、これまでのようにエネルギーを化石燃料に依存するのではなく、CO_2を排出しないクリーンエネルギーを利用する産業構造や社会構造へ転換していくことを意味しています。

GX実現に向けた基本方針には、二つの大きな柱があります。一つ目の柱は、エネルギー安定供給の確保に向け、徹底した省エネの推進、再生可能エネルギーの主力電源化、原子力の活用など、GXに向けた取り組みを進めることです。二つ目の柱は、GXの実現に向け、「GX経済移行債」を活用した先行投資の支援、カーボンプライシングによるGX投資先行インセンティブ、新たな金融手法の活用などを含む「成長志向型カーボンプライシング構想」の実現･実行を行うことです。なお、カーボンプライシングと成長志向型カーボンプライシング構想については、8章3節で解説しています。

2023年5月には、GX実現に向けた基本方針に基づいて作成された「脱炭素成長型経済構造への円滑な移行の推進に関する法律」（略称：GX推進法）と「脱炭素社会の実現に向けた電気供給体制の確立を図るための電気事業法等の一部を改正する法律」（略称：GX脱炭素電源法）が成立しました。また、2023年7月には、「GX推進法」に基づき、「脱炭素成長型経済構造移行推進戦略」（GX推進戦略）を定め、閣議決定しています。このように、GXの実現に向けて政策を具体化し、それを実行するための取り組みが着実に進められています。

150兆円超の官民GX投資

　前記の「成長志向型カーボンプライシング構想」を実現し実行することにより、今後10年間に官民合わせて150兆円を超える投資の実現を見込んでいます。これは、GXに関する投資競争が世界規模で進行する現状を強く意識したものとなっており、政府は必要十分な規模・期間の支援を行っていく方針です。

　図は、150兆円超の官民GX投資の内訳を示しています。政府による20兆円規模の支援を呼び水にして、適切な規制も行いながら、全体で150兆円を超える官民投資の実現を目指しています。

官民GX投資のイメージ*

	今後10年間の 政府支援額イメージ **約20兆円規模**			今後10年間の 官民投資額全体 **150兆円超**	
非化石エネルギーの推進	約6～8兆円	イメージ 水素・アンモニアの需要拡大支援 再エネなど新技術の研究開発 など		約60兆円～	再生可能エネルギーの大量導入 原子力（革新炉等の研究開発） 水素・アンモニア など
需給一体での産業構造転換・抜本的な省エネの推進	約9～12兆円	イメージ 製造業の構造改革・収益性向上を実現する省エネ・原/燃料転換 抜本的な省エネを実現する全国規模の国内需要対策 新技術の研究開発 など	規制等と一体的に引き出す	約80兆円～	製造業の省エネ・燃料転換（例：鉄鋼・化学・セメント・紙・自動車） 脱炭素目的のデジタル投資 蓄電池産業の確立 船舶・航空機産業の構造転換 次世代自動車 住宅・建築物など
資源循環・炭素固定技術　など	約2～4兆円	イメージ 新技術の研究開発・社会実装 など		約10兆円～	資源循環産業 バイオものづくり CCS など

＊…のイメージ　資源エネルギー庁「今後のエネルギー政策について」（2023年6月28日）p.55より。

3-6 地域脱炭素ロードマップ

日本全体における脱炭素を考える時に、地方での取り組みは極めて大きなウエイトを占めています。地域脱炭素ロードマップは、各地域で取り組む脱炭素化を成長の機会と捉え、脱炭素と同時に経済の活性化や地域課題の解決につなげることを狙っています。

地域脱炭素ロードマップとは？

当然のことながら、脱炭素社会の実現に向けた取り組みは、全国各地、すなわちすべての地域で進めていくことが不可欠です。政府だけでなく、自治体も脱炭素の旗振り役となって、すべての企業や市民などを巻き込んだ取り組みを展開する必要があります。

そこで、大臣や自治体の長が参加する「国・地方脱炭素実現会議」が開催され、地域の取り組みと密接に関わる「暮らし」や「社会」の分野を中心に、2050年のカーボンニュートラル実現に向けたロードマップ、および国の関係府省と地方自治体の連携のあり方などについて検討が進められました。そして、2021年6月に開催された国・地方脱炭素実現会議の第3回会合で、**地域脱炭素ロードマップ**が決定されました。

地域脱炭素ロードマップは、地域で取り組む脱炭素化を成長の機会と捉え、脱炭素と同時に地域経済の活性化につなげることを狙っています。地域脱炭素では、自治体・企業・市民などの地域の関係者が主役になって、再生可能エネルギーなどの地域資源を最大限活用することにより、地域内で経済を循環させ、防災や暮らしの質の向上などの地域の課題を解決していきます。

実行の脱炭素ドミノを起こす！

図は、地域脱炭素ロードマップにおける対策と施策の全体像を示しています。2050年のカーボンニュートラル実現に向け、今後の5年間に政策を総動員し、人材・技術・情報・資金を積極的に支援していくことで、地域脱炭素の取り組みを加速させる方針です。これにより、2030年度までに少なくとも100カ所の「脱炭素先行地域」をつくる計画です。

なお、脱炭素先行地域とは、民生部門（家庭部門、業務その他部門）の電力消費にともなうCO_2排出の実質ゼロを2030年度までに実現し、運輸部門や熱利用等も含めてそのほかの温室効果ガス排出削減についても、日本全体の2030年度目標と整合する削減を、地域特性に応じて実現する地域をいいます。現在（2023年12月時点）、全国36道府県95市町村の74提案が選定されています。

また、自家消費型太陽光、省エネ住宅、電動車などの導入を推進する重点対策を、全国各地で実施していきます。

さらに、継続的・包括的支援、ライフスタイルイノベーション、制度改革といった3つの面から、基盤的施策を実行していきます。

以上のような地域脱炭素の取り組みを起爆剤にして、全国で多くの「実行の脱炭素ドミノ」を起こすことを狙っています。そして、2050年を待たずに数多くの地域で脱炭素を達成し、地域の課題を解決した強靭で活力ある社会へと移行していくことを目指しています。

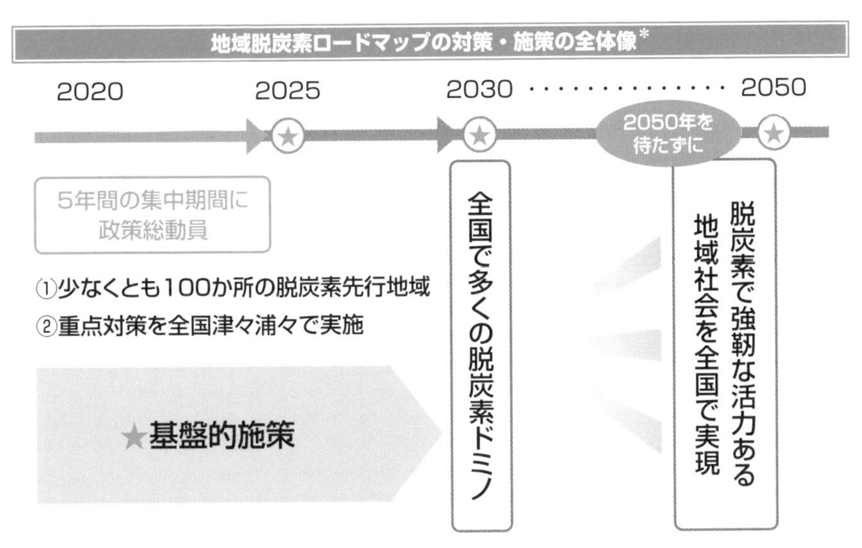

＊…の全体像　国・地方脱炭素実現会議「地域脱炭素ロードマップ【概要】～地方からはじまる、次の時代への移行戦略～」（令和3年6月）p.4より。

3-7 国土交通グリーンチャレンジ

国土交通省は、2050年カーボンニュートラルの実現や気候変動問題に対応するため、「国土交通グリーンチャレンジ」を取りまとめています。グリーン成長戦略などの政府全体の政策と連携して、6つの重点プロジェクトが推進されています。

国土交通グリーンチャレンジとは？

国土交通省は、住宅・ビル・まちづくり等の生活空間を支える分野、鉄道・バス・飛行機・船・道路・港等の移動を支える分野、物流・景観・観光等の社会の豊かさを支える分野、防災・減災等の人々の安全・安心を支える分野など、幅広い分野を担当する国の行政機関です。

一方、日本における「運輸部門」「業務その他部門」「家庭部門」からのCO_2排出量は全体の約50%を占めており、これらの部門における脱炭素化は重要なテーマになります。国土交通省はこれらの部門と密接な関係のある行政機関であり、脱炭素社会の構築に向けて、重要な役割を担っているのです。

2021年7月、国土交通省は、2050年カーボンニュートラルの実現や気候変動問題に対応するため、国土交通省として取り組んでいく重点プロジェクトを取りまとめ、**国土交通グリーンチャレンジ**として公表しています。国土交通グリーンチャレンジでは、グリーン社会*の実現に向け、分野横断・官民連携の視点から取り組むべき6つのプロジェクトを掲げています。

なお、3章2節のエネルギー基本計画から6節の地域脱炭素ロードマップまでは政府全体の政策になりますが、本節の国土交通グリーンチャレンジは国土交通省の政策であり、政府全体の政策と連携して推進されます。

6つの重点プロジェクトで推進

図は、国土交通グリーンチャレンジの重点プロジェクトを示しており、「省エネ・再エネ拡大等につながるスマートで強靭なくらしとまちづくり」「グリーンインフラを活用した自然共生地域づくり」「自動車の電動化に対応した交通・物流・イン

* **グリーン社会**　脱炭素社会とほぼ同じ意味で用いられる。

フラシステムの構築」「デジタルとグリーンによる持続可能な交通・物流サービスの展開」「港湾・海事分野におけるカーボンニュートラルの実現、グリーン化の推進」「インフラのライフサイクル全体でのカーボンニュートラル、循環型社会の実現」の6つがあげられています。

たとえば、「省エネ・再エネ拡大等につながるスマートで強靱なくらしとまちづくり」では、住宅・建築物の省エネ対策の強化に向け、LCCM*住宅・建築物やZEH・ZEB*の普及促進を図ると同時に、住宅・建築物の長寿命化を図り、将来世代に受け継がれる良質なストックの形成を促進することなど、があげられています。

重点的に取り組む6つのプロジェクト*

省エネ・再エネ拡大等につながるスマートで強靱なくらしとまちづくり

- LCCM住宅・建築物、ZEH・ZEB等の普及促進、省エネ改修促進、省エネ性能等の認定・表示制度等の充実・普及、更なる規制等の対策強化
- 木造建築物の普及拡大

自動車の電動化に対応した交通・物流・インフラシステムの構築

- 次世代自動車の普及促進、燃費性能の向上
- 物流サービスにおける電動車活用の推進、自動化による新たな輸送システム、グリーンスローモビリティ、超小型モビリティの導入促進

港湾・海事分野におけるカーボンニュートラルの実現、グリーン化の推進

- 水素・燃料アンモニア等の輸入・活用拡大を図るカーボンニュートラルポート形成の推進
- ゼロエミッション船の研究開発・導入促進、日本主導の国際基準の整備

グリーンインフラを活用した自然共生地域づくり

- 流域治水と連携したグリーンインフラによる雨水貯留・浸透の推進
- 都市緑化の推進、生態系ネットワークの保全・再生・活用、健全な水循環の確保

デジタルとグリーンによる持続可能な交通・物流サービスの展開

- ETC2.0等のビッグデータを活用した渋滞対策、環状道路等の整備等による道路交通流対策
- 地域公共交通計画と連動したLRT・BRT等の導入促進、MaaSの社会実装

インフラのライフサイクル全体でのカーボンニュートラル、循環型社会の実現

- 持続性を考慮した計画策定、インフラ長寿命化による省CO_2の推進
- 省CO_2に資する材料等の活用促進、技術開発
- 建設施工分野におけるICT施工の推進

---

* **LCCM**　Life Cycle Carbon Minusの略。LCCM住宅・建築物とは、資材の製造や建設段階から解体・再利用に至るまでのライフサイクル全体で、CO_2排出量をマイナスにする住宅・建築物のこと。
* **ZEH・ZEB**　ZEHはnet Zero Energy Houseの略。ZEBはnet Zero Energy Buildingの略。5章3節を参照。
* **…のプロジェクト**　国土交通省「国土交通グリーンチャレンジ概要」（令和3年7月）p.1より。

3-8 みどりの食料システム戦略

農林水産省は、食料・農林水産業の生産力向上と持続性の両立をイノベーションで実現させるため、「みどりの食料システム戦略」を策定しています。農地・森林・藻場のCO_2吸収源としての機能を最大限に引き出していく必要があります。

みどりの食料システム戦略とは？

現在、日本の食料·農林水産業は、地球温暖化の影響や大規模な自然災害の発生、生産者の減少による生産基盤の脆弱化と地域コミュニティの衰退、新型コロナウイルス感染症拡大を契機とした生産や消費の変化など、さまざまな課題に直面しています。地球温暖化の影響としては、長期的な観点からこのまま平均気温の上昇が続くことにより、農産物の収量の変化、水資源の不足、果樹の栽培適地の移動、虫害の発生の増加、新規病害虫の侵入などの悪影響が予測されています。将来にわたって食料の安定供給を確保するためには、カーボンニュートラルで持続可能な食料システムを構築することが急務となっているのです。

このような中、農林水産省は、2021年5月に、食料・農林水産業の生産力向上と持続性の両立をイノベーションで実現させるため、**みどりの食料システム戦略**を策定しています。みどりの食料システム戦略は、カーボンニュートラルの実現に向けた革新的な技術や生産体系の目標を掲げ、その開発と社会実装を推進するための政策方針を明らかにしています。そして、みどりの食料システム戦略は、グリーン成長戦略などの政府全体の政策と連携して推進されています。

農林水産業における生産活動の場は、農地や森林や藻場であり、それらはCO_2の吸収源としての機能を持っています。政策によってCO_2吸収源の機能を最大限に引き出すことが期待できるため、脱炭素社会の実現に向け、最も重要な分野の一つと言うことができます。

2050年までに目指す姿は？

みどりの食料システム戦略では、2050年までに目指す姿として、農林水産業における温室効果ガスのゼロエミッション化を実現すること、エリートツリーなどの成長に優れた苗木を林業用苗木の9割以上に拡大すること、輸入原料や化石燃料を原料とした化学肥料の使用量を30%低減すること、化学農薬使用量（リスク換算）を50%低減すること、耕地面積に占める有機農業の実施面積の割合を25%（100万ha）に拡大すること、などを掲げています。

図は、農林水産分野におけるゼロエミッション*の達成に向けた取り組みを示しており、技術開発の難易度に応じて、社会実装の時期が設定されています。既に着手している取り組みとして、水田の水管理によるメタン発生量の削減、省エネ型の施設園芸設備の導入、間伐などの実施による適切な森林管理があげられます。また、2030年までに社会実装する取り組みとして、低メタンイネ品種の開発、バイオ炭を用いた炭素貯留の拡大、海藻類によるCO_2固定化があげられます。

農林水産分野でのゼロエミッション達成に向けた取り組み*

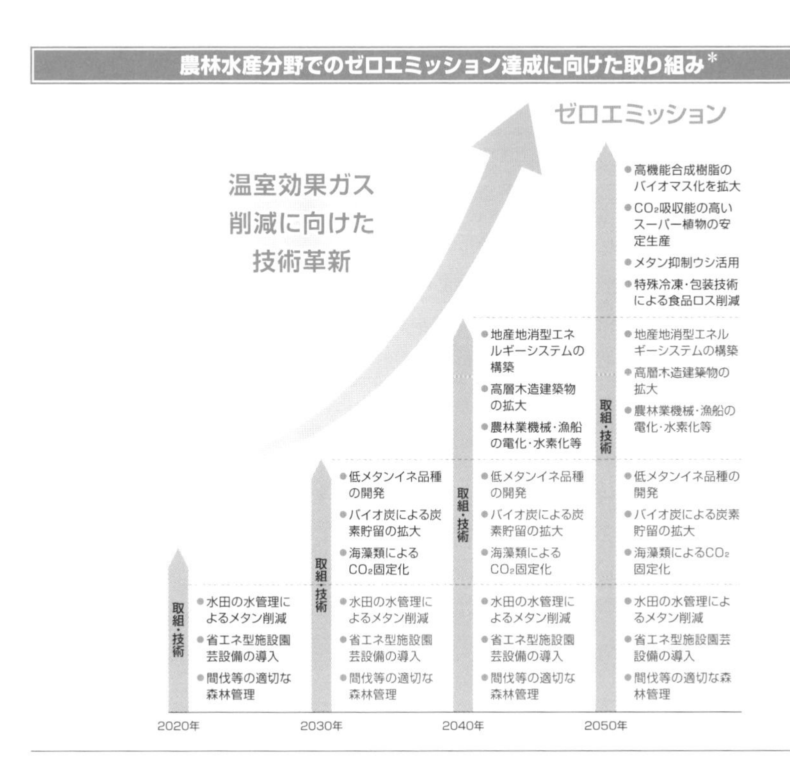

＊**ゼロエミッション**　排出（emission）をゼロにすること。廃棄物（CO_2含む）をゼロにするという意味で使われる。東京都は、ゼロエミッションをキーワードにして、気候変動対策を進めている（9章11節参照）。

＊…**取り組み**　農林水産省「みどりの食料システム戦略～食料・農林水産業の生産力向上と持続性の両立をイノベーションで実現～」（令和3年5月）p.25より。

デジタル技術と脱炭素

ICT、IoT、AI、クラウド、ビッグデータなどのデジタル技術を活用したり、組み合わせて使用したりすることで、脱炭素社会の実現に貢献することができます。デジタル技術は、とりわけエネルギー消費量の削減や分散型電源の最適制御に役立てることができます。

たとえば、建物や施設（データセンター等）の室内を空調するに当たり、IoT（Internet of Things：モノのインターネット）やAI（Artificial Intelligence：人工知能）などを用いて、エネルギー消費量を削減することができます。

まず、センサーを取り付けて、室内空間の温度、湿度、二酸化炭素濃度、およびドアの開閉や外気温などの情報を収集します。次に、収集したデータは、インターネットを経由してクラウドに蓄積されます。同時に、気象データも取得し、蓄積していきます。そして、あらかじめ学習させておいたAIを用いるのですが、これら蓄積されたデータで運用することにより、AIの予測精度を向上させていきます。

このようにして、センサーで収集したデータをAIに分析・判断させることができます。AIが室内環境をリアルタイムに判断して、空調システムへ必要な制御指示を自動的に出し、室内の空調を最適な状態に保ちながら、ムダなエネルギー消費を抑えて省エネを行うことが可能になります。

一方、ICT（Information and Communication Technology：情報通信技術）などを用いて、分散型電源を最適に制御することができます。再生可能エネルギーによる発電は小規模で分散型の電源となるため、電力の需要に合わせて発電量をリアルタイムに制御することが難しくなります。加えて、太陽光や風力発電は変動電源であるため、電力の供給が不安定になります。そこで、ICTを活用することにより、電力の供給サイドと需要サイドを双方向の情報ネットワークで結び、分散型電源を含んだ電力ネットワークにおける電力需給の調整を効率的かつ最適に行うことが可能になります。

このようにデジタル技術の活用は、脱炭素化の仕組みを支え、脱炭素社会の構築へ向けた推進力になるのです。

第4章

CO_2を排出しない方法は？

1750年頃に始まった産業革命以降、私たちは化石燃料を燃やすことで動力や電力を手に入れ、生産機械などを稼働させることにより、物質面で豊かな経済社会を築いてきました。

反面、私たちは大量の化石燃料を燃やすことで、大気中に膨大な量のCO_2を排出し続けてきました。大気中のCO_2濃度の上昇は地球温暖化につながり、深刻な気候変動問題を引き起こします。

物質面での豊かさを手放せないことを前提とすれば、化石燃料を燃やすのとは別の方法を選択する必要があります。そこで、CO_2を排出しない方法として導入拡大が見込まれるのが、再生可能エネルギーや水素エネルギーなどになります。

4-1 再生可能エネルギー①種類やメリット

太陽光や風力などの再生可能エネルギーを利用した発電はCO_2を排出しないため、脱炭素社会の構築へ向けた重要な切り札の一つになります。固定価格買取制度によって導入量は着実に増えてきましたが、さらなる普及拡大が望まれます。

再生可能エネルギーの定義と種類

再生可能エネルギー（renewable energy）とは、「私たちが消費しても自然界の中で再び生産され、使い切る心配のないエネルギーのこと」をいいます。英語の「renewable energy」には、「継続できるエネルギー」とか「回復できるエネルギー」という意味があります。再生エネは太陽、大気、森林、地球のマグマ、河川、海洋といった自然界が持つエネルギーを電気や熱として取り出すことで、使い切ることなく継続して利用できるエネルギーなのです。

発電用に商用化されている再生エネとしては、太陽光、風力、バイオマス、地熱、水力の5つがあげられます。これらの再生エネは固定価格買取制度（2012年7月に制度導入）の対象になっていて、その導入を国が後押ししています。なお、水力については、開発余地が残されている中小水力発電（3万kW未満）に限り買取制度の対象となっています。また、バイオマスと地熱については、熱利用も商用化されています。

発電用として実証段階にある再生エネとしては、海流、潮流、波力、海洋温度差があげられ、これらは海洋エネルギーと呼ばれます。四方を海に囲まれた日本は、海洋エネルギーについて大きな導入ポテンシャルを持っており、将来、電源の大きな柱の一つになることが期待されています。

熱利用の再生エネとしては、太陽熱、雪氷熱、温度差熱、地中熱があげられます。太陽熱を利用する太陽熱温水器は、オイルショックが起きた1970年代に本格的な普及が始まっていて、十分に実績のある技術になります。一方、雪氷熱、温度差熱、地中熱を利用した事例は、少数にとどまっているというのが実情です。

活用のメリット

再生可能エネルギーの活用には、3つのメリットがあります。第1に、再生エネは環境への負荷が少ないということです。化石燃料を燃やす火力発電は大量のCO_2を排出しますが、太陽光や風力などの再生エネを用いた発電ではCO_2をまったく排出することがありません。したがって、再生エネは発電の脱炭素化に大きく貢献することができ、気候変動対策に役立てることができます。

第2に、再生エネは国産の資源であるということです。ウクライナ危機で明らかになったことは、エネルギー資源を海外からの輸入に大きく依存した状態では、エネルギーの安定供給が脅かされる恐れがあり、エネルギー自給率を高めておく必要があるという点です。化石燃料から再生エネへの転換を進めておけば、再生エネは国内で調達できるため、国際情勢が急変しても供給がストップする心配がなく、エネルギー安全保障上のリスクを減らすことができます。

第3に、再生エネは資源が枯渇する恐れがありません。石油や石炭などの化石燃料は地下に埋蔵されている量が限られており、掘り出すにしたがって減少していきます。これに対し、太陽光や風力を使って発電しても、太陽光や風は無尽蔵に存在するため、繰り返し利用することができます。

再生エネの定義、種類、メリット

再生可能エネルギー（renewable energy）の定義

私たちが消費しても自然界の中で再び生産され、
使い切る心配のないエネルギーのこと

再生エネの種類

発電〜商用化	発電〜実証段階	熱利用
□ 太陽光	□ 海流	□ 太陽熱
□ 風力（陸上、洋上）	□ 潮流	□ 雪氷熱
□ バイオマス（熱利用）	□ 波力	□ 温度差熱
□ 地熱（熱利用）	□ 海洋温度差	□ 地中熱
□ 水力（大型、中小）		

活用のメリット

- 環境負荷が少ない ➡ CO_2を出さないため、発電の脱炭素化に大きく貢献
- 国産の資源 ➡ エネルギー安全保障上のリスクを減らすことが可能
- 資源が枯渇しない ➡ 太陽光や風は無尽蔵に存在するため、繰り返し利用が可能

4-2 再生可能エネルギー② 太陽光

固定価格買取制度によって最も導入量が増えたのが太陽光発電であり、再生エネの中で中心的な存在となっています。また、私たちにとって、条件（持ち家、資金面等）さえ揃えば自分の判断で導入できることから、最も身近な再生エネと言うことができます。

政府の目標は？

「2050年カーボンニュートラルに伴うグリーン成長戦略」では、**太陽光発電**について、次世代型太陽電池（ペロブスカイト等）の技術開発に取り組むことで、2030年を目途に普及段階への移行を進め、既存の太陽電池では設置が困難な住宅・建築物への設置拡大や市場化を実現する、としています。

具体的には、グリーンイノベーション基金の活用を図り、産学官が協力してペロブスカイトに関する共通基盤技術の開発を加速させるとともに、製品レベルでの性能向上を図るため、個別企業の研究開発も後押しする方針です。そして、2030年を目標に、一定条件下（日射条件等）における「発電コスト14円/kWh」を達成し、普及段階への移行を実現する、としています。

ペロブスカイト太陽電池とは？

ペロブスカイトとは結晶構造の名前であり、結晶層に半導体機能を付与することで光エネルギーを電子と正孔に分離できる、という機能があります。この機能を太陽電池に応用したのが**ペロブスカイト太陽電池**です。

ペロブスカイト太陽電池は日本発の独自技術であり、2009年9月に桐蔭横浜大学の宮坂力教授等によって発明されました。ペロブスカイト太陽電池のエネルギー変換効率は、2009年に3.8%に過ぎませんでしたが、2012年には10%を超えています。さらに、物質・材料研究機構は、2022年9月に20%以上の変換効率を維持しながら、1,000時間以上の連続発電に耐える耐久性の高いペロブスカイト太陽電池を開発した、と公表しています。

　ペロブスカイト太陽電池は、原材料を溶剤に溶解（あるいは分散）したインクを基板に塗布して形成されるため、製造コストが安価になるという特長があります。加えて、基板にフィルムを用いることにより、フレキシブル性や軽量性を持たせることができるため、さまざまな用途へ展開することが可能です。ビルの壁面や耐荷重の小さな工場の屋根など、これまで太陽光パネルを設置できなかった場所へも設置可能となるため、太陽光発電のさらなる導入拡大を後押しすることが期待できます。ただし、現状では、さらなる変換効率の向上や耐久性の改善、広い面積に一様に塗布する製造技術の開発、などの課題が残されています。

グリーンイノベーション基金事業

　新エネルギー・産業技術総合開発機構（NEDO）は、グリーンイノベーション基金事業の一つとして「次世代型太陽電池の開発」の公募を行い、脱炭素化の実現へ向けて太陽光発電の普及を後押しする6つのプロジェクトを採択しました。6プロジェクトは、実施期間が2021年度～2025年度、予算額は200億円で実施され、企業（積水化学工業、東芝、エネコートテクノロジーズ、アイシン、カネカ）や大学等（東京大学、立命館大学、京都大学、産業技術総合研究所）が研究開発に取り組んでいます。

フィルム型ペロブスカイト太陽電池*とビル壁面設置*のイメージ図

写真提供:
東芝エネルギーシステムズ株式会社

＊…**ペロブスカイト太陽電池**　東芝エネルギーシステムズのホームページ（https://www.global.toshiba/jp/news/energy/2023/02/news-20230209-01.html）より。

＊…**壁面設置**　出典：新エネルギー・産業技術総合開発機構（NEDO）グリーンイノベーション基金ホームページ

4-3 再生可能エネルギー③ 洋上風力

海洋開発は地球に残された最後のフロンティアとも言われています。四方を海に囲まれる日本は絶好の地理的条件を備えており、海上を安定して吹く強い風を利用する洋上風力発電は、再生エネ発電の大きな柱の一つになることが期待されています。

政府の目標は？

政府のグリーン成長戦略では、**洋上風力発電**について、大量導入やコスト低減が可能であること、大きな経済波及効果が期待できることから、「再生可能エネルギーの主力電源化に向けた切り札」と位置付けています。政府として、2030年までに1,000万kW、2040年までに3,000万～4,500万kW（浮体式を含む）の導入目標を掲げています。また、産業界について、2040年までに部品の国内調達比率を60%にすること、2030～2035年までに着床式の発電コストを低減して8～9円/kWhにすること、という目標を設定しています。

再エネ海域利用法で洋上風力の導入促進

「海洋再生可能エネルギー発電設備の整備に係る海域の利用の促進に関する法律」（略称：**再エネ海域利用法**）は、洋上風力発電の導入促進に向けた環境整備を目的として、2019年4月に施行されました。

再エネ海域利用法に基づいて、洋上風力発電事業を実施するための海域（促進区域）の指定や、事業者の公募による選定が進められています。2023年5月時点で、促進区域における事業者の選定が済んでいるのは、長崎県五島市沖（浮体式）、秋田県能代市・三種町・男鹿市沖、秋田県由利本荘市沖、千葉県銚子市沖の4カ所になります。また、促進区域において事業者を公募中なのは、秋田県八峰町・能代市沖、長崎県西海市江島沖、秋田県男鹿市・潟上市・秋田市沖、新潟県村上市・胎内市沖の4カ所になります。このほか、促進区域の候補地となる有望な区域の整理が進められています。

たとえば、長崎県五島市沖については、2019年12月に促進区域として指定し、公募によって2021年6月に事業者が選定されています。五島フローティングウィンドファーム合同会社（出資者:戸田建設、ENEOS、大阪ガス、INPEX、関西電力、中部電力）が事業を実施しており、浮体式洋上風力発電設備（出力16,800kW（風車発電機：2,100kW×8基））を設置し、2026年1月から運転を始める予定です。

秋田の洋上風力発電

秋田洋上風力発電（出資者：丸紅、大林組クリーンエナジー、東北電力、コスモエコパワー、関西電力、中部電力、秋田銀行等の13社）は、秋田県において国内としては規模の大きな洋上風力発電事業に取り組んでいます（図参照）。

秋田県の能代港と秋田港の港湾区域に、着床式の大型風車（出力4,200kW/基）を合計で33基設置しています。発電所の建設には2020年2月に着工しており、能代港洋上風力発電所（出力84,000kW）は2022年12月に、秋田港洋上風力発電所（出力54,600kW）は2023年1月に、それぞれ運転を開始しています。

能代港の洋上風力発電所*

写真提供：秋田洋上風力発電株式会社

*…**洋上風力発電所**　秋田洋上風力発電のホームページ（https://aow.co.jp/jp/project/）より。

4-4 再生可能エネルギー④ 地熱発電

活火山が連なる日本は、世界第3位の豊富な地熱資源量に恵まれているものの、そのポテンシャルを十分に活かしきれていません。世界にも例を見ない革新的な超臨界地熱発電技術の社会実装に向けて、調査や要素技術の開発が進められています。

政府の目標は？

グリーン成長戦略では、**地熱発電**について、ベースロード電源として導入を拡大する意義を強調した上で、リスクマネーの供給、地元理解の促進、関連法令（自然公園法、温泉法）の運用見直しなどに取り組むことにより、大幅な地熱発電の導入拡大を目指す、としています。また、2050年頃を目標に、世界にない革新的な**超臨界地熱発電技術**を商用化すると同時に、開発した地熱発電システム全体をパッケージにして海外展開し、グローバル市場を獲得する方針です。

超臨界地熱発電について、具体的には、2030年までに、坑井やタービン等の地上設備の腐食対策や掘削技術の確立などの技術開発と並行して、実際に調査井の掘削や試験を実施し、超臨界地熱資源の存在実証、および開発した掘削技術やケーシング･配管等の部材･素材の検証を行う計画です。そして、2040年までに、検証結果を踏まえた技術開発を継続させながら、パイロットプラントの設置・稼働を通して、タービン等の地上設備を含めた発電システム全体としての検証を行います。2050年頃の商用化・普及を目指しています。

超臨界地熱発電とは？

従来型の地熱発電は、火山地帯の地下1,000～3,000m程度の深さに形成された地熱貯留層の熱エネルギーを利用します。これに対し、超臨界地熱発電では、地下3,000～5,000m程度の深さの超臨界地熱貯留層を利用します（図参照）。

水（液体）は大気圧*の下で加熱すると、100℃で沸点に達し水蒸気（気体）になります。一方、水を高い圧力の下で加熱すると沸点も高くなります。218気

＊**大気圧**　ここで言う大気圧は海面上の大気圧を指し、大きさは1気圧＝0.101325MPaである。

圧で水の沸点は374℃になりますが、圧力と温度がそれ以上になると、液体でも気体でもない状態になります。この218気圧、374℃が水の臨界点であり、それ以上の圧力と温度の状態の水を超臨界水といいます。

超臨界地熱発電では、この高温・高圧の超臨界水（超臨界地熱水）を利用することにより、従来型の地熱発電に比べ、発電施設の大規模化（10万kW程度）や発電コストの低減が見込まれます。ただし、地下約5kmの深部から超臨界状態の地熱流体を取り出すための掘削や杭井仕上げ技術、酸性蒸気でも発電可能な高耐食性材料の開発など、解決すべき技術課題は少なくありません。

2023年現在、NEDOは地熱資源ポテンシャルの高い4つの地域（八幡平、葛根田、湯沢南部、九重）を対象に、地下の超臨界地熱水の資源量や経済性を評価するための調査を進めています。超臨界地熱資源は未知な部分も多いことから、調査地域毎の資源量ポテンシャルを推定するために、産業技術総合研究所に委託して、地熱流体の起源、生成過程、量などの超臨界地熱流体の特性の把握に向けた調査等も実施しています。

超臨界地熱資源*

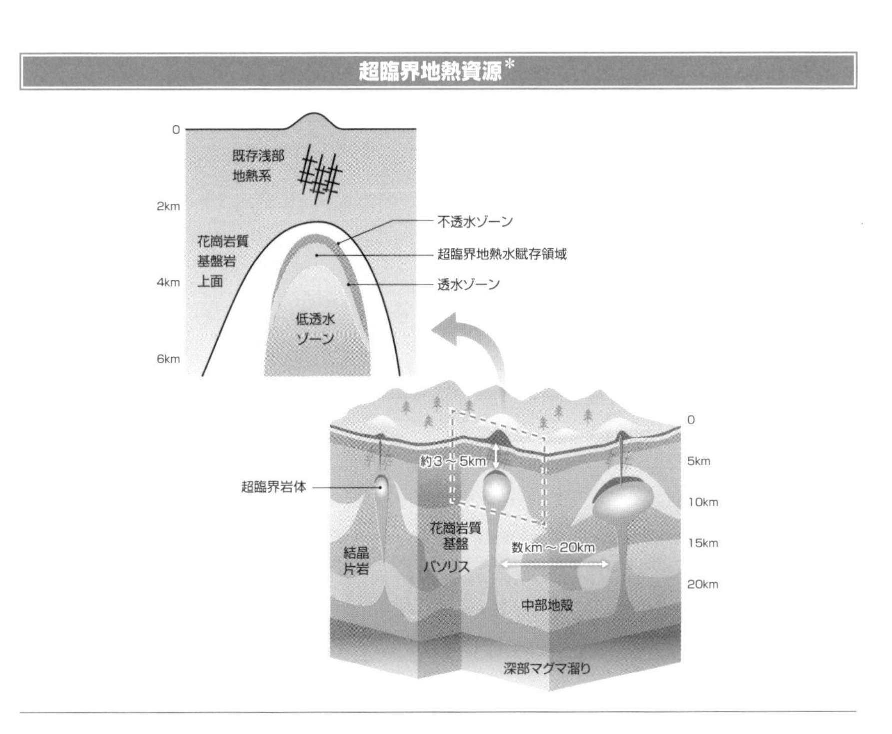

＊・・・**地熱資源**　出典：新エネルギー・産業技術総合開発機構（NEDO）

4-5 水素エネルギー① メリット、CO_2フリー水素と用途

脱炭素社会の構築へ向けて、再生可能エネルギーと並びもう一枚の切り札となるのが「水素」です。水素を燃焼させて熱エネルギーとして利用したり、水素を用いて燃料電池で発電したりしても、CO_2の排出がまったくありません。

水素エネルギー活用のメリット

水素エネルギーを活用するメリットとして、燃焼しても二酸化炭素（CO_2）や大気汚染物質（硫黄酸化物（SO_x）、窒素酸化物（NO_x）等）をまったく排出せず、空気中の酸素と反応して水になるという、クリーンなエネルギーであることがあげられます。また、水素は水や化合物として地球上に無尽蔵に存在するため、枯渇する心配がないエネルギー資源ということができます。さらに、水素は大容量電力の長期貯蔵など、二次エネルギー*としてさまざまな用途に使うことができます。なお、蓄電池を用いて電気を貯蔵することもできますが、大量で長期の貯蔵となると難しいというのが現状です。そこで、水を電気分解して水素を作り、その水素を大量貯蔵しておけば、必要に応じて水素から電気を取り出して使うことができます。

そして、海外の未利用エネルギーや豊富な再生可能エネルギーなどの安価な資源から水素を作って利用すれば、エネルギーコストを抑制しつつ、エネルギーとその調達先の多角化につなげることができ、エネルギー安全保障に役立ちます。

水素はエネルギー資源としての利用にとどまらず、さまざまなカーボンリサイクル技術の多くでも、原料として必要になります。したがって、低コストでの水素製造は、カーボンリサイクル技術を普及させていくことにも役立ちます。

CO_2フリー水素の製造と用途

図は、CO_2フリー水素の製造とその用途を示しています。なお、水素は利用段階においてCO_2の排出がありませんが、製造段階においてもCO_2の排出をともなわない水素を「CO_2フリー水素」といいます。脱炭素社会で利用される水素は、

---

*二次エネルギー　一次エネルギー（化石燃料、再生可能エネルギー、原子力）を変換・加工して、用途に合わせて使いやすくしたものをいい、電気・都市ガス・ガソリン等があげられる。水素も二次エネルギーに含まれる。

このCO_2フリーであることが前提になります。

図の左側は、CO_2フリー水素の製造方法を示しています。「化石燃料＋CCUS*」では、化石燃料から水素を製造する際に発生するCO_2を回収し、地下へ貯留、もしくは資源として利用します。この「化石燃料＋CCUS」で製造された水素は、**ブルー水素**と呼ばれます。また、「非化石電源＋水電解」では、再生可能エネルギーなどの非化石電源を用いて水を電気分解し、水素を製造します。この「非化石電源＋水電解」で製造された水素は、**グリーン水素**と呼ばれます。

図の右側は水素の用途を示していて、発電、輸送、民生・業務、産業といった部門で利用されます。発電部門では水素を燃料とした水素発電、輸送部門では燃料電池を搭載した燃料電池トラック、民生・業務部門では定置用燃料電池による家庭や事業所への電力と熱の供給、産業部門では化学原料などに利用されます。

水素の供給源と需要先*

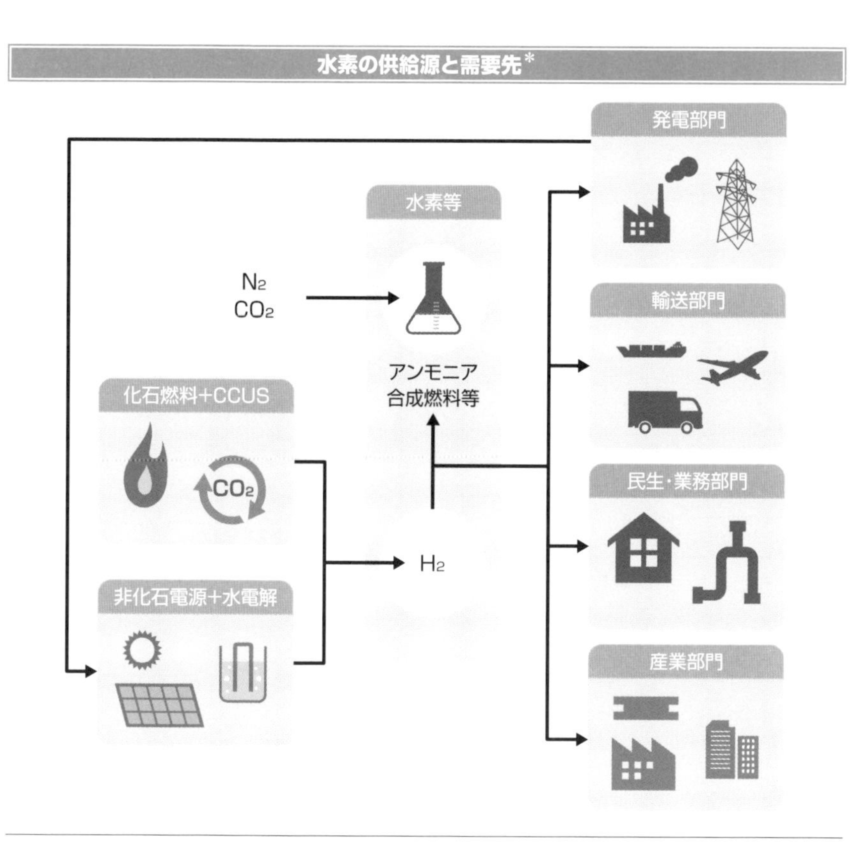

* **CCUS**　Carbon dioxide Capture, Utilization and Storageの略。
* **…と需要先**　資源エネルギー庁「水素を取り巻く国内外情勢と水素政策の現状について」（2022年6月）p.25より。

4-6 水素エネルギー② 政府の目標と政策

水素基本戦略は、2017年に世界に先駆けて策定された水素の国家戦略であり、水素政策に関する全体方針が示されています。2023年に改定された水素基本戦略には、新たに水素産業戦略や水素保安戦略が盛り込まれています。

水素基本戦略

政府は、世界に先駆けて水素社会を実現するため、2017年12月に**水素基本戦略**を策定しています。そして、その後の国内外の情勢の変化を踏まえ、2023年6月に水素基本戦略は改定され、最新のものが公表されています。

改定された水素基本戦略では、国の水素政策について、規制の改革、技術開発、インフラ整備などに関する政策全体の方針を示すと同時に、水素の産業競争力強化に向けた方針である「水素産業戦略」、および水素の安全な利活用に向けた方針である「水素保安戦略」を示しています。

もう少し水素基本戦略の具体的な内容について確認しておきましょう。本戦略では、水素（アンモニアを含む）の年間導入量として、2030年に最大300万トン、2040年に1,200万トン程度、2050年に2,000万トン程度という目標を掲げています。加えて、水素の供給コストについて、2030年に30円/Nm³*、2050年に20円/Nm³を目標に掲げています。水素供給コストの低減は、水素の導入促進に向け、最重要なテーマの一つになります。

また、本戦略では、2030年の国内外における日本企業関連の水電解装置の導入量について、15GW程度とする目標を設定しています。なお、この15GWという数字は、2030年の世界における水電解装置の導入見通しの約1割に相当します。このほか、2030年頃の国内における水素供給の商用開始に向けて、大規模かつ強靭な水素・アンモニアのサプライチェーンの早期構築を目指すとしています。その実現に向け、現時点で、官民合わせて15年間で15兆円のサプライチェーンへの投資を計画しています。

＊**Nm³**　標準状態（0℃、1気圧）に換算した1m³のガス量を表す単位。

水素産業戦略

ここでは、改定された水素基本戦略に新たに盛り込まれた「水素産業戦略」のポイントについて確認しておきましょう。

水素産業戦略では、脱炭素、エネルギー安定供給、経済成長の「一石三鳥」を狙い、国内外のあらゆる水素ビジネスにおいて、日本が強みを持つ水素関連のコア技術（燃料電池・水電解・発電・輸送・部素材など）を最大限活かし、世界展開を図っていく方針です。そして、水素供給（水素製造、水素サプライチェーンの構築）、脱炭素型発電、燃料電池、水素の直接利用（脱炭素型鉄鋼、脱炭素型化学製品、水素燃料船）、水素化合物の活用（燃料アンモニア、カーボンリサイクル製品）を戦略分野に位置づけて、重点的に取り組むとしています。

たとえば、水素サプライチェーンの構築では、①液化水素、メチルシクロヘキサン（MCH）、アンモニア等の輸送技術の確立、②国内輸送の低コスト化に向けた技術開発や環境整備の推進③水素運搬船による大規模な海上輸送の実現をあげています。

水素基本戦略（2023年6月改定）の概要

水素基本戦略の改定のポイント

①2040年における水素等の野心的な導入量目標を新たに設定し、水素社会の実現を加速化させる
　⇒2030年300万トンより先の目標として、水素需要ポテンシャルの見通しから、2040年1200万トン程度を設定

②2030年の国内外における日本企業関連の水電解装置の導入目標を設定し、水素生産基盤を確立する
　⇒2030年の世界の水電解装置の導入見通しの約1割に当たる、15GW程度を設定

③大規模かつ強靭なサプライチェーン構築、拠点形成に向けた支援制度を整備する
　⇒2030年頃の国内における水素供給の商用開始に向けて、水素・アンモニアのサプライチェーンの早期構築
　現時点で、官民合わせて15年間で15兆円のサプライチェーンへの投資を計画

④炭素集約度で評価する基準を策定し、低炭素水素への移行を明確化する

※炭素集約度：単位当たりの水素製造時に発生するCO_2排出量

水素産業戦略

脱炭素、エネルギー安定供給、経済成長の「一石三鳥」を狙い、日本の技術的な強みを活かし、世界展開を図る

水素保安戦略

大規模な水素利用に向け、サプライチェーン全体をカバーした法令の適用関係について、合理化・適正化を図る

4-7
水素エネルギー③ 水素発電

従来の化石燃料を燃やす火力発電を水素発電へ転換することで、電源の脱炭素化を進めることができます。また、水素発電が商用化されれば、大規模な水素需要を創出することができ、国内水素市場を本格的に立ち上げることができます。

政府の目標や施策は？

グリーン成長戦略では、水素の導入量を拡大させていくことにより、2050年までに**水素発電**のコストをLNG火力発電以下に引き下げ、化石燃料に対し十分な競争力を持つコスト水準となることを目指す、としています。

本戦略では、水素発電タービンについて、2050年までの世界の累積導入容量は最大約3億kW（約23兆円）を見込んでおり、この大きな世界市場を獲得するため、まずは実機による実証を支援して、国内における商用化を加速させていく方針です。また、電力市場については、水素を活用すればインセンティブを受け取れる仕組みを整備していく方針です。これらの施策により、水素発電を社会実装することで大規模な水素需要を創出し、国内水素市場の本格的な立ち上がりを下支えすることを狙っています。

さらに、国内の水素市場で得られた知見や経験を活かし、既に多数のプロジェクトが動きつつある先進国、および電力需要の伸びが旺盛なアジアなどの地域に対し、水素発電タービンを始めとした水素関連技術を輸出することで、水素産業の好循環を生み出すことを狙っています。

水素発電のポイント、技術開発の事例

水素発電では、化石燃料の代わりに水素を燃焼させ、その燃焼ガスでタービンを回して発電を行います。天然ガス等と水素を混合して発電する方式を混焼発電、水素のみで発電する方式を専焼発電といいます。

水素と天然ガス等の既存燃料を比べると、水素には①発熱量が低い、②燃焼速度が速い、③火炎温度が高いなどの燃焼特性があります。したがって、水素を燃

料とした火力発電を商用化するに当たっては、ガスタービンの各種構造の最適化設計が不可欠であり、現在技術開発が進められています。

ここで技術開発の事例を紹介しておきましょう。2017年12月、神戸市のポートアイランドに、水素ガスタービンを活用したコージェネレーションシステム（CGS*）の実証プラントが完成しています。この実証事業は、新エネルギー・産業技術総合開発機構（NEDO）の助成を受け、大林組と川崎重工が実施しています。実証プラントには、1MW級の水素ガスタービン発電設備（図参照）が設置されており、2018年4月に、世界で初めて、市街地において水素専焼発電による電気と熱の同時供給を達成しています。

グリーンイノベーション基金事業

NEDOは、グリーンイノベーション基金事業で水素発電の技術開発を支援しています。グリーンイノベーション基金による助成を受け、JERA、関西電力、ENEOSが、水素発電技術（混焼、専焼）の実用化へ向けて実機実証を進めています。

1MW級の水素ガスタービン発電設備*

写真提供：川崎重工業株式会社

*CGS　Co-Generation Systemの略。
*・・・発電設備　川崎重工のホームページ（https://www.khi.co.jp/hydrogen/index.html）より。

4-8 水素エネルギー④ 燃料電池

発電の際に燃料電池から排出されるのは水だけであり、CO_2が排出されないことから、脱炭素に役立つ発電装置ということができます。家庭用燃料電池や燃料電池自動車など、燃料電池には幅広い用途があり、普及拡大が期待されています。

政府の目標は？

グリーン成長戦略では、定置用燃料電池について、2050年時点の世界市場の規模を約150万台/年（約1.1兆円/年）と見込んでおり、発電効率や耐久性の向上に加えて、モビリティも含めた多用途展開に向けた研究開発を推進する、としています。また、燃料電池の開発段階における基礎セル*等の性能評価手法の標準化を推進することにより、共通の基盤となる研究開発を効率化しつつ、設備投資を税制面などから支援することで、商業フェーズの大量生産や企業間競争を通じたコスト削減を促していく方針です。

本戦略では、モビリティ用燃料電池に関連して、燃料電池自動車の普及と水素ステーションの計画的な整備を加速する、としています。特に FCトラックについては、2050年時点の世界の累積導入台数を最大1,500万台（約300兆円）と見込んでおり、燃料電池を搭載したモビリティの普及拡大に向け、事業者と利用者の負担軽減の観点から、「道路運送車両法」と「高圧ガス保安法」における関連規制を一元化することも視野に、規制の在り方について検討を進めていく方針です。

燃料電池のポイント、用途

燃料電池（FC*）は、水素と酸素を化学反応させて電気を作ります。中学校の教科書に出てくる水の電気分解は、水に外部から電気を通して水素と酸素に分解しますが、これとは逆の反応を利用するのが燃料電池になります（図参照）。燃料電池は「電池」と呼ばれていますが、乾電池のように使い捨てにしたり、蓄電池のように充電したりすることはなく、水素と酸素の化学反応で電気を作る「発電装置」なのです。

---

*セル　燃料電池で電気を作るための最小の構成単位のこと。セルを積み重ねて燃料電池本体は構成される。
*FC　Fuel Cellの略。

燃料電池の最大の利点は、発電にともなって排出されるのは水だけであり、CO_2や大気汚染物質が排出されない点にあります。すなわち、燃料電池はクリーンで脱炭素に役立つ発電装置ということができます。

このような燃料電池には幅広い用途があり、主として定置用とモビリティ用の2つに分けられます。定置用としては、家庭用燃料電池（エネファーム）と業務・産業用燃料電池があげられます。モビリティ用の燃料電池は、燃料電池自動車（FCV*）、FCトラック、FCバス、FCフォークリフトなどに搭載され、動力源として利用されます。

次世代FCシステムの開発

トヨタ自動車は、モビリティ用FCに関して、30年に及ぶ技術開発の蓄積を有しており、世界でも最高水準の技術力を誇っています。2023年6月、発電量が現行の130%となる次世代セルを開発したことを公表しています。

現行に比べて航続距離を20%伸ばすことができ、東京―大阪間であれば、途中で水素を充填する必要がありません。同時に、大幅なFCコストの低減や耐久性の向上を達成していて、2026年の商品化を予定しています。

水の電気分解と燃料電池による発電

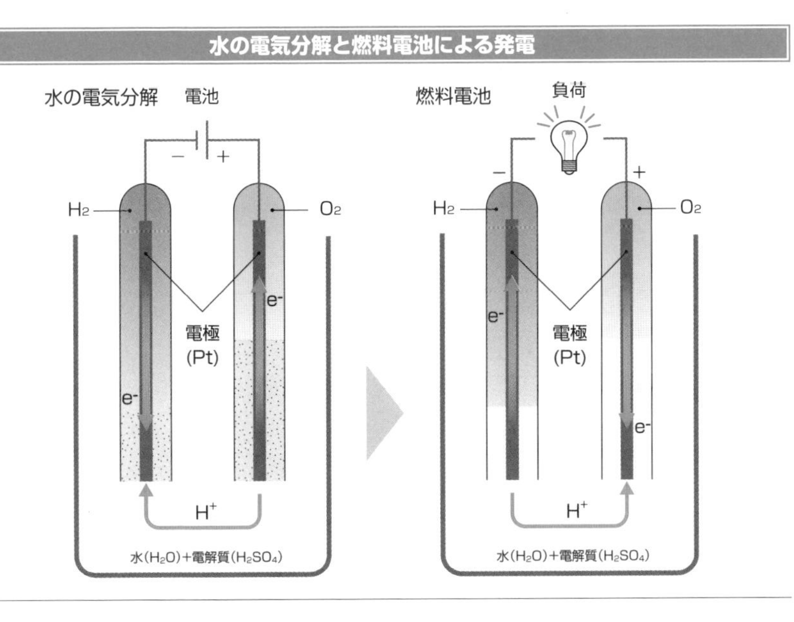

*FCV　Fuel Cell Vehicleの略。

4-9 アンモニア

アンモニアは、燃焼させてもCO_2が発生しないため、水素社会への移行期において重要な脱炭素燃料になり得ると考えられます。石炭火力での混焼発電や船舶分野を中心に利用の拡大が期待されています。

政府の目標は？

グリーン成長戦略では、**燃料アンモニア**の2030年までの目標として、石炭火力への20%アンモニア混焼を導入して普及させる、ことを掲げています。技術面では、2021年度から4年間、実機による20%混焼の実証を行うことにより、20%混焼の技術を確立させ、その後、電力会社を通じてNO_xを抑制した混焼バーナーを既存の石炭火力発電所へ実装し、燃料アンモニアの導入を進めていく方針です。

また、2050年までの目標として、収熱技術開発を含めた混焼率の向上（50%以上）や専焼化技術の開発に積極的に取り組み、老朽化した火力発電のリプレースによる実用化を推進する、ことを掲げています。

一方、アンモニア価格については、現状は20円台前半/㎥（熱量等価での水素換算）であるのに対し、燃料アンモニアサプライチェーンの構築により、2030年までに、10円台後半/N㎥（同水素換算）での供給を目指す、としています。

アンモニア利用のポイント

アンモニアの分子式はNH_3で示され、化石燃料のように炭素（C）が含まれていないため、燃焼させても空気中の酸素（O_2）と化合して二酸化炭素（CO_2）が発生することはありません。

一方、現在アンモニアは肥料や化学製品の原料として使われており、全世界で年間2億トン程度が生産されています。したがって、アンモニアを製造するための技術やノウハウは既に十分確立しています。また、アンモニアの液化条件は、常圧下では－33℃、常温では8.5気圧となります。この液化条件は、LPGの液化条件とほぼ同じであり、アンモニアはLPGと同様のインフラや技術で輸送・貯蔵することが可能です。このような背景から、アンモニアを燃料として新たに導入拡大していくに当たっては、製造面や輸送・貯蔵面でのハードルが比較的低く、早期の社会実装が期待できます。

とはいえ、現状のアンモニアの製造では、原料となる水素（H_2）の製造に化石燃料を使うため、CO_2が排出されてしまいます。そこで、再生可能エネルギーを用いてグリーン水素を製造し、その水素を窒素（N_2）と化合させてアンモニアを製造する必要があります。なお、このようにして製造されたアンモニアは、**グリーンアンモニア**と呼ばれます（図参照）。

グリーンイノベーション基金事業

NEDOは、グリーンイノベーション基金事業で燃料アンモニアサプライチェーンの構築に向けた技術開発を支援しています。グリーンイノベーション基金による助成を受け、①千代田化工建設、JERA、東京電力ホールディングス、出光興産、東京大学、東京工業大学、大阪大学、九州大学が、アンモニア供給コストの低減、②IHI、JERA、三菱重工業、東北大学、産業技術総合研究所が、アンモニア発電の高混焼化・専焼化について開発・実証を進めています。

グリーンアンモニアの製造*

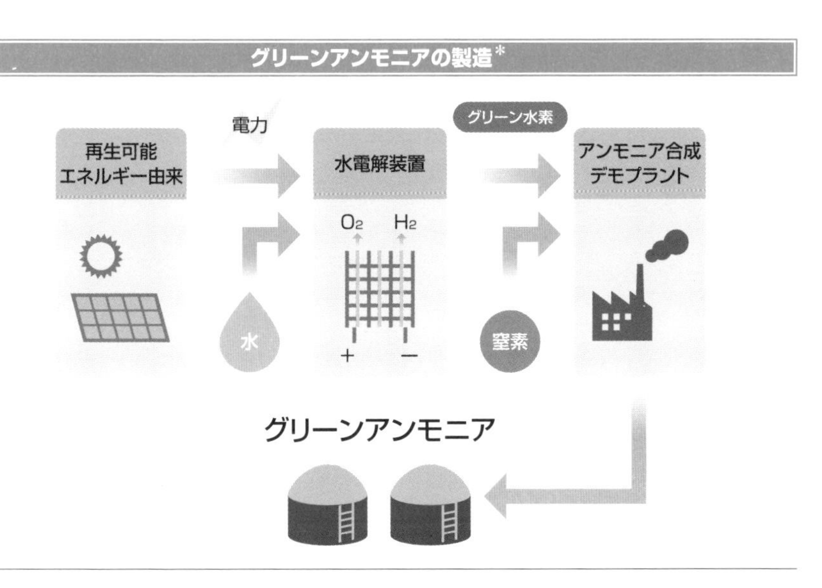

＊…の製造　出典：新エネルギー・産業技術総合開発機構（NEDO）（https://green-innovation.nedo.go.jp/article/carbon-neutral-ammonia/）

4-10 バイオ燃料

運輸部門の脱炭素化では、モビリティの電動化、バイオ燃料や水素燃料の利用が重要なテーマになります。バイオ燃料は、現在さまざまなモビリティで使用されている化石燃料を代替する脱炭素燃料として、利用拡大が期待されています。

バイオ燃料とは？

バイオマスとは、再生可能な生物由来の有機性資源（ただし、化石資源は除く）をいいます。バイオマスの最大の特長は、再生可能かつカーボンニュートラルである点にあります。たとえば、植物などのバイオマスを毎年再生産される量の範囲で消費する限りにおいては、枯渇することがなく、再生可能な資源とみなすことができます。また、バイオマスを燃やした際に発生するCO_2は、植物が成長過程で光合成により大気中から吸収したものであり、全体としてみれば大気中のCO_2を増加させていないと考えることができます。このようなCO_2の増減に影響を与えない性質を「カーボンニュートラル（炭素中立）」といいます。

バイオ燃料とは、このようなバイオマスを原料にして発酵や搾油などによってつくられる液体燃料等を指します。輸送用のバイオ燃料には、さまざまな種類がありますが、既に実用化されている燃料としては、バイオエタノールとバイオディーゼルの2つがあげられます。

バイオエタノールは、サトウキビやトウモロコシなどを原料に、それらの糖質やでんぷん質を糖化し、発酵させ、蒸留して製造します。バイオエタノールはガソリンに混合して自動車用燃料として利用されています。

バイオディーゼルは、菜種油、ひまわり油、大豆油、パーム油、廃食用油などの植物油をメタノールと反応させてメチルエステル化等の化学処理をして製造します。バイオディーゼルはディーゼルエンジン用の燃料として、車両・建設重機・ボイラー・発電機などで使用されています。

このほか、研究開発や実証が進められている輸送用バイオ燃料としては、木質バイオマス等のセルロース系のバイオエタノール、藻類由来の油脂を原料としたバイオ燃料、ガス化液体燃料（BTL*）などがあげられます。

　ただし、現状ではバイオエタノールやバイオディーゼルなどのバイオ燃料の導入が進んでいるとは言えません。最大の原因は、製造コストが高い点にあります。化石燃料からバイオ燃料に切り替えていくには、化石燃料と同水準程度の調達コストを実現する必要があるのです。

藻類由来の油脂を原料としたバイオ燃料

　藻類由来の油脂を原料としたバイオ燃料は、次世代のバイオ燃料として注目されています。藻類はトウモロコシやサトウキビなどのバイオマスに比べ、①食料生産と競合しない、②耕地を必要とせずに工業的な生産が可能である、などの利点があります。現状では製造コストが高いという課題を抱えていますが、大量培養技術などが確立されれば、低コスト化できる可能性があります。

　バイオベンチャーであるユーグレナ社は、廃食油と微細藻類ユーグレナ（ミドリムシ）から抽出した油脂を混合し精製することで、トラックやバスに利用できる次世代バイオディーゼル燃料、および航空機に利用できるバイオジェット燃料を製造しています（図参照）。

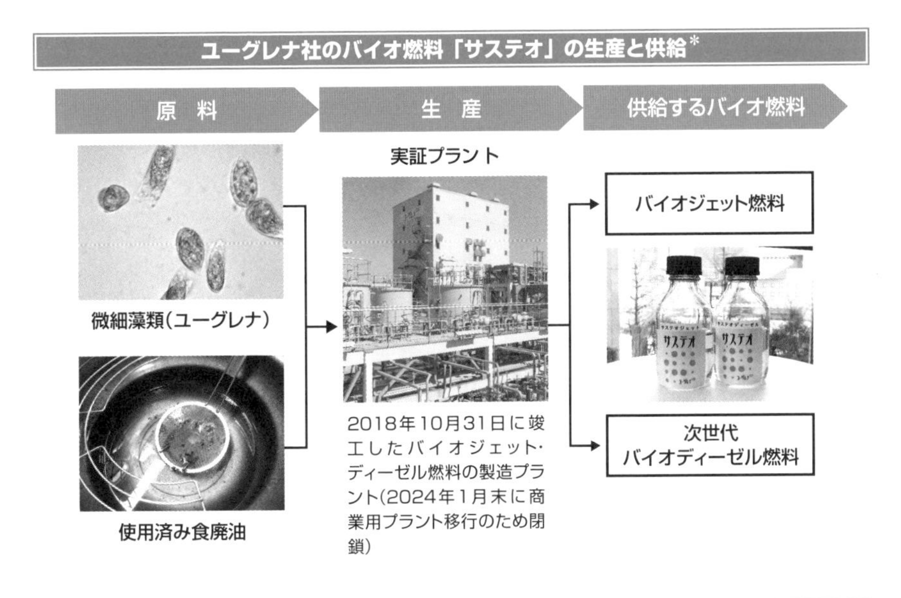

*BTL　Biomass to Liquidの略。
*…の生産と供給　ユーグレナのホームページ（https://www.euglena.jp/businessrd/energy/susteo/）より。

4-11 自動車の電動化

世界の自動車市場では、温暖化対策や脱化石燃料依存の必要性の高まりを受け、動力源を内燃機関から電動機へシフトする動きが加速しています。EVの販売は、特に中国や欧州で伸びており、今後もEVの市場規模は拡大していくと予測されます。

内燃機関から電動機へシフト

これまで自動車を始めとしたさまざまなモビリティ（移動手段）では、動力源を内燃機関（エンジン）に依存してきました。内燃機関では化石燃料を燃やして動力を得るため、CO_2の排出がともないます。地球温暖化対策や脱化石燃料依存などの必要性の高まりを受け、自動車などのモビリティの動力源を内燃機関から、CO_2排出がない電動機（モータ）へシフトする動きが世界中で加速しています。

図は、主要国における電動車の普及目標を示しています。なお、電動車の種類として、電気自動車（EV*、）燃料電池自動車（FCV）、プラグインハイブリッド自動車（PHV）、ハイブリッド自動車（HV）があげられます。各国とも政府が主導して自動車の電動化を推進しており、自動車の世界市場は大きく変化しています。

日本の目標は？

グリーン成長戦略では、支援や規制などの幅広い政策をパッケージにして自動車の電動化を推進する、としています。乗用車の新車販売について、2035年までに、電動車100%を実現することを目標に掲げています。

小型の商用車（8トン以下）の新車販売について、2030年までに電動車20～30%、2040年までに電動車と合成燃料等の脱炭素燃料を利用した車両を合わせて100%を目指すことを掲げています。また、大型の商用車（8トン超）について、貨物・旅客事業等の商用用途に適する電動車の開発・利用促進に向けた技術実証を進めつつ、2020年代に5,000台を先行導入する方針です。EVの充電インフラについては、ガソリン車並みの利便性を実現するため、遅くとも2030年までに、公共用の急速充電器3万基を含む充電インフラを15万基設置するとしています。

---

* **EV**　Electric Vehicleの略。

トヨタのEV戦略

トヨタ自動車グループの2022年の新車販売台数は1,048万台であり、世界2位のフォルクスワーゲン（VW）グループの826万台を大きく上回って首位となっています。トヨタの基本戦略は、車の脱炭素化をHV、EV、FCVなどの多様な選択肢を持って進めるという全方位戦略です。ただ、近年、世界市場においてEVが急拡大する中、トヨタもEVにより多くの経営資源を重点投入せざるを得ない状況に追い込まれています。

2021年12月に、2030年までにEVを30車種投入して、世界販売台数を年間350万台とする計画を発表し、さらに2023年4月には、2026年までにEVを10車種投入し、年間150万台の販売を目指すことを発表しています。トヨタの動きは、世界市場のEVシフトをさらに加速させていくとみられます。

各国の自動車の電動化目標*

<table>
<tr><th></th><th>目標年度</th><th>目標</th><th>FCV</th><th>EV</th><th>PHEV</th><th>HEV</th><th>ICE</th></tr>
<tr><td rowspan="2">日本</td><td>2030</td><td>HV:30～40%
EV･PHV:20～30% FCV:～3%</td><td>～3%</td><td colspan="2">20～30%</td><td>30～40%</td><td>30～50%</td></tr>
<tr><td>2035</td><td>電動車(EV/PHV/FCV/HV):100%</td><td colspan="4">100%</td><td>対象外</td></tr>
<tr><td>EU</td><td>2035</td><td>EV･FCV:100%
(注)欧州委員会提案</td><td colspan="2">100%</td><td colspan="3">対象外</td></tr>
<tr><td>米国</td><td>2030</td><td>EV･PHV･FCV:50%</td><td colspan="3">50%</td><td colspan="2">50%</td></tr>
<tr><td rowspan="2">中国</td><td>2025</td><td>EV･PHV･FCV:20%</td><td colspan="3">20%</td><td></td><td></td></tr>
<tr><td>2035</td><td>HEV:50%
EV･PHV･FCV:50%</td><td colspan="3">50%</td><td>50%</td><td>対象外</td></tr>
<tr><td rowspan="2">英国</td><td>2030</td><td>ガソリン車:販売禁止
EV:50～70%</td><td></td><td>50～70%</td><td></td><td></td><td>対象外</td></tr>
<tr><td>2035</td><td>EV･FCV:100%</td><td colspan="2">100%</td><td colspan="3">対象外</td></tr>
<tr><td>フランス</td><td>2040</td><td>内燃機関車:販売禁止</td><td colspan="2">100%</td><td colspan="3">対象外</td></tr>
<tr><td>ドイツ</td><td>2030</td><td>EV:ストック1500万台</td><td></td><td>ストック1500万</td><td></td><td></td><td></td></tr>
</table>

出典:公表情報をもとに経済産業省作成

*…の電動化目標　資源エネルギー庁のホームページ（https://www.enecho.meti.go.jp/about/special/johoteikyo/xev_2022now.html）より。

4-12 蓄電池① 重要な役割、市場予測、政府の目標

蓄電池は、脱炭素社会の構築に欠かせないキーテクノロジーの一つにあげることができます。なぜなら蓄電池は、電気自動車における動力の供給、および再生可能エネルギーの主力電源化の達成に不可欠な装置だからです。

蓄電池が担う役割は？

蓄電池とは文字通り、電気を貯めておくことができ、そこから電気を取り出すことができる装置のことです。このような蓄電池が担う重要な役割として、自動車などのモビリティの電動化や、太陽光や風力といった変動電源を大量に導入した際の電力の需給調整があげられます（図参照）。

世界市場では電気自動車（EV）の普及が加速しており、そのEVは外部電源から車載用蓄電池に充電した電気を動力源にして、電動モータによりクルマを駆動させます。一方、太陽光や風力といった変動電源が増えると、電力システムが不安定になりますが、定置用蓄電池は電力システムを安定させる手段の一つとして活用できます。電力系統サイドや需要家サイドに定置用蓄電池を設置して、太陽光や風力の発電出力の変動に合わせて蓄電池の充電・放電を行うことにより、出力の変動を吸収することができるのです。

世界市場は？

後述の「蓄電池産業戦略」の市場予測によれば、世界の蓄電池市場は車載用、定置用ともに、2050年へ向けて拡大していくと見込んでいます。当面はEV市場の拡大にともなって、車載用蓄電池市場が急拡大すると予測しています。

世界の蓄電池市場の推移を具体的にみると、2019年は車載用が約4兆円、定置用が約1兆円であったのに対し、2030年には車載用が約33兆円、定置用が約7兆円に拡大すると予測しています。さらに、2050年には車載用が約53兆円、定置用が約47兆円に拡大し、合計100兆円に達すると見込んでいます。

政府の目標は？

経済産業省は蓄電池産業戦略検討官民協議会を開催し、2022年8月に「蓄電池産業戦略」を策定しています。この蓄電池産業戦略では、蓄電池や電池材料の国内製造能力の目標として、遅くとも2030年までに150GWh/年を実現し、製造基盤を確立することを掲げています。目標の達成に向け、官民連携による蓄電池・材料の国内製造基盤への投資強化、国際競争力を持つためのDXやGXによる先端的な製造技術の確立・強化などに取り組むとしています。

蓄電池産業戦略では、2030年の目標価格として、車載用蓄電池パックは1万円/kWh以下、家庭用蓄電システムは7万円/kWh（工事費込み）、業務・産業用蓄電システムは6万円/kWh（工事費込み）という目安を示しています。

また、次世代技術の開発目標として、2030年頃の全固体電池の本格的な実用化などを掲げています。グリーンイノベーション基金を用いて、全固体電池の研究開発を支援していきます。

蓄電池の重要な用途*

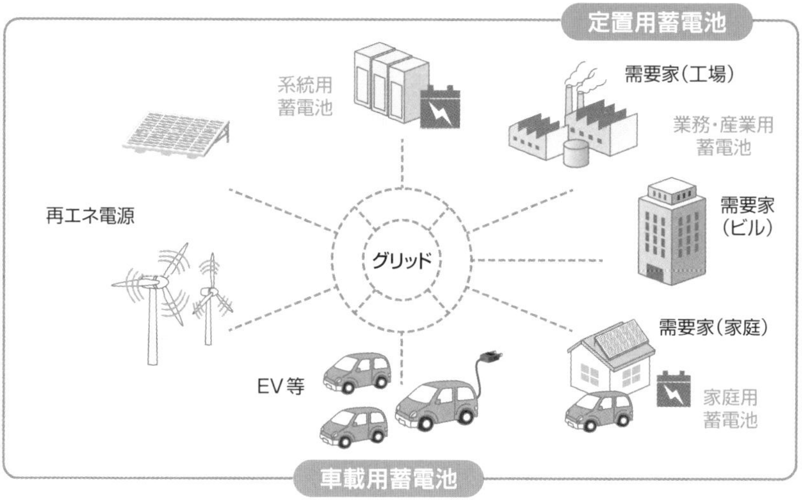

定置用蓄電池
系統用
蓄電池
需要家（工場）
業務・産業用
蓄電池
再エネ電源
グリッド
需要家
（ビル）
需要家（家庭）
EV等
家庭用
蓄電池
車載用蓄電池

＊…重要な用途　経済産業省 蓄電池産業戦略検討官民協議会「蓄電池産業戦略」（2022年8月）p.1より。

4-13
蓄電池② 全固体電池

いま次世代の蓄電池技術として注目を集めているのが全固体電池です。特に、電気自動車の車載電池向けとしての活用が期待されており、国内や海外の自動車メーカーや素材メーカーなどが国際的な開発競争を繰り広げています。

次世代技術として開発が加速

蓄電池には、鉛蓄電池、ニッケル水素電池、リチウムイオン電池、ナトリウム・硫黄電池、レドックスフロー電池など、さまざまな種類があります。このうちリチウムイオン電池は、電気自動車（EV）、系統安定化のための大型蓄電システム、携帯電話やノートパソコンといったモバイル機器など、幅広い用途で利用されており、蓄電池の中でも主流を占めています。

蓄電池の内部は、正極（プラス極）と負極（マイナス極）の2つの電極、および電解質から構成されます。従来の蓄電池は、電解質に液体が用いられています。これに対し、次世代蓄電池として実用化が期待される**全固体電池**では、電解質に固体を用います（図参照）。

いま現在、全固体電池は、特にEVの車載電池向けにおいて技術開発が加速しています。トヨタを始めとした自動車メーカーや素材メーカーなどが国際的な開発競争を繰り広げているところであり、2020年代後半には、全固体電池のEVへの搭載が始まると見込まれています。

全固体リチウムイオン蓄電池をEVに搭載することにより、従来の液系リチウムイオン蓄電池に比べ、①可燃性の電解液による発火や液漏れがなくなり、安全性が向上する、②航続距離を約2倍に伸ばすことができる、③大電流での急速充電が可能となり、充電時間を1/3程度に短縮できる、などのメリットが期待できます。

全固体電池の開発

新エネルギー・産業技術総合開発機構（NEDO）は、グリーンイノベーション基金事業で全固体電池の技術開発を支援しています。グリーンイノベーション基金による助成を受け、本田技研工業、日産自動車、GSユアサ、住友金属鉱山、アルバック、出光興産、大阪ソーダが、全固体電池の実用化へ向けて研究開発を進めています。

具体的には、本田技研工業は蓄電池セルの開発、日産自動車は生産プロセスの確立、GSユアサは蓄電池の材料やセルの開発、住友金属鉱山は正極材料の開発、アルバックは負極の生産技術の開発、出光興産は固体電解質の量産技術の確立、大阪ソーダはイオン伝導性に優れたポリマーの開発に、それぞれ取り組んでいます。

このうちモビリティ向け蓄電池の分野で、世界トップクラスのシェアを誇るGSユアサの取り組みを、もう少し確認しておきましょう。なお、GSユアサの蓄電池の世界市場のシェアランキングは、自動車用が第2位、オートバイ用が第1位となっています。GSユアサは、開発目標として、体積エネルギー密度がセル当たり875Wh/L以上、充放電サイクルが1,000回以上可能となる蓄電池セルの開発を設定しています。開発テーマとして、①高いイオン伝導度と優れた耐水性を兼ね備えた固体電解質の開発、②Co含有量が少ない高容量の正極開発、③長寿命で高容量の負極開発、④大量生産が可能なセル設計･製造プロセス開発をあげています。

液系、および全固体リチウムイオン蓄電池*

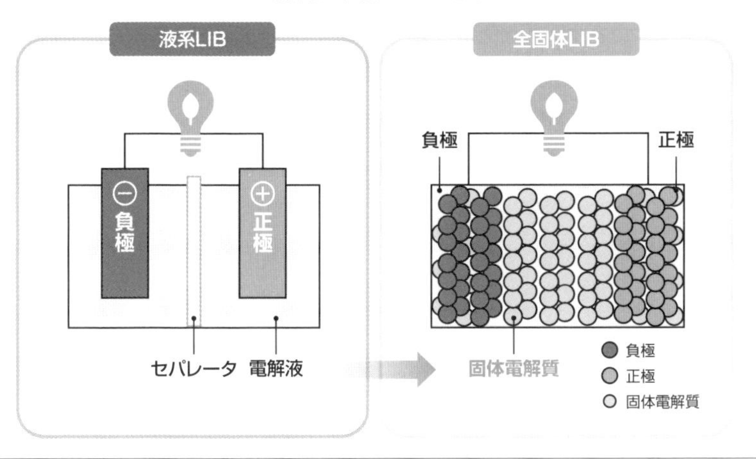

*…蓄電池　経済産業省 蓄電池産業戦略検討官民協議会「蓄電池産業戦略」(2022年8月) p.11より。

4-14 原子力発電

原子力は、発電にともなってCO_2の排出がない脱炭素電源なのですが、放射性廃棄物が発生するため、デメリットがあることも理解しておく必要があります。政府は、既存の原子炉よりも安全性や燃焼効率が高い次世代革新炉の開発を推進しています。

メリットとデメリット

原子力発電は、ウランを核分裂させた際に発生する熱を利用して蒸気を作り、この蒸気の力を利用してタービンを回して発電を行います。

原発の主なメリットとしては、次の3つがあげられます。第1に、化石燃料を用いた火力発電に比べ、原発1基を新設するための費用はかなり高くなりますが、原発を優先的に稼働させ、大規模に発電することにより、1kWh当たりの発電コストを安くすることが可能です。

第2に、少量の燃料（ウラン）から極めて大きなエネルギーを得ることができるため、燃料の備蓄は少なくて済み、国際的な政情不安定化のリスクを回避することができます。つまり、電力供給の安定化に役立ちます。

第3に、発電にともなってCO_2の排出がないことがあげられます。脱炭素社会の構築に向け、原発の活用促進が有力な選択肢の一つとして注目されています。

原発の主なデメリットとしては、次の2つがあげられます。第1に、ひとたび重大事故が起きてしまうと、放射性物質の漏えいにより、周辺環境に深刻な被害を及ぼしてしまいます。2011年3月に起きた福島の原発事故では、12年が過ぎた今でも空間放射線量が高い帰還困難区域は残ったままなのです。

第2に、発電にともなって発生する高レベル放射性廃棄物について、その処理先が決まっていません。高レベル放射性廃棄物は、使用済燃料を再処理する過程で発生し、「核のゴミ」とも呼ばれています。核のゴミの放射能レベルが減衰するまでには長い年月が必要であり、完全に無害化するまでに10万年程度かかると言われています。極めて長い年月、核のゴミを隔離して安全に保管する必要があるため、地下300m以上の地層に埋めて処理することが計画されています。ただし、国内のどこに埋めるのか、具体的なことは何も決まっていない、というのが現状です。

政府は脱炭素化に向けて原子力発電を推進していく方針ですが、大きなメリットとは裏腹に大きなデメリットも内在しているため、注意深くその動向を見極め、評価していく必要があります。

政府の目標は？

グリーン成長戦略では、次世代革新炉について、①国際連携を活用した高速炉開発の着実な推進、②2030年までに国際連携による小型モジュール炉技術の実証、③2030年までに高温ガス炉における水素製造に関する要素技術の確立を目標に掲げています。

たとえば、高速炉については、2023年度までは民間によるイノベーションの活用による多様な技術間競争を促進する、としています。その後、国、日本原子力研究開発機構、電気事業者が、メーカーの協力を得ながら技術の絞り込みを行った上で、一定の技術が選択される場合、工程を具体化していく方針です。

次世代革新炉の特徴

種類	特徴
高速炉	●高速中性子を活用して、高レベル放射性廃棄物の減容化や有害度低減、資源の有効活用という核燃料サイクルの効果をより高めることができる ➡・発生する高レベル放射性廃棄物（核のゴミ）が少なく、最終処分量が減る ・放射能が減衰するまでの期間を大幅に短縮（10万年→300年）できる ・従来の軽水炉に比べ、数十倍以上のウラン資源を有効利用できる
小型モジュール炉（SMR）	●炉心が小さいために、自然循環を使用した原子炉の冷却機構など、自然原理を安全設備に取り入れてヒューマンエラーや機器故障による停止を回避することが比較的容易で、システムのシンプル化を通じて安全システムの信頼性を高めることができる ●工場で量産することにより、工期を短縮し、建設費を削減できる
高温ガス炉	●化学的に安定なヘリウム冷却材、四重に被覆した高温でも溶けにくい燃料、高温熱を吸収する構造材を使用することで、炉心溶融や大量の放射能放出事故が起きる恐れがなく、安全性が高い ●700℃以上の高温熱を活用し、大量かつ安価なグリーン水素の製造が期待できる

4-15 核融合発電

核融合発電は、放射性物質の生成が非常に少ない上、CO_2の排出がありません。太陽で起きている核融合反応を人工的に作り出すため、技術的なハードルはかなり高いのですが、欧米や日本等のベンチャー企業が研究開発を加速させています。

核融合とは？

太陽は膨大なエネルギーを宇宙空間に放出しながら輝いていて、私たち人間も含めて地球上のすべての生き物の命は、この太陽エネルギーによって支えられています。太陽の光球の組成をみると、全体の4分の3程度を水素が占めています。太陽の質量は地球の33万倍も重く、中心部は2,000億気圧という超高圧状態になっています。加えて、中心部は温度が1,500万℃、密度が鉄の20倍もの高密度に達しており、その中で水素（H）が**核融合反応**を起こしてヘリウム(He)となり、膨大なエネルギー（熱や光）を出しています。

なお、核融合反応とは、水素などの軽い原子の原子核同士が衝突・融合して、ヘリウムなどのより重い原子核に変わることをいい、この反応によって非常に大きなエネルギーが発生します（図参照）。

核融合の技術開発

核融合発電では、太陽で起きている核融合反応を人工的に作り出し、そこから出る熱エネルギーを利用して電気を作ります。太陽のような高い密度を地球上に再現することはできないため、最も核融合反応を起こしやすい、重水素(D)と三重水素（T）の反応を利用して実現させようとしています。

核融合反応により発生するエネルギーを、利用しやすい熱や電力に変換する施設を核融合炉といいます。核融合炉は、従来の原子力発電で使用される核分裂炉に比べて、原子炉が暴走するようなこともなく、放射性物質の生成も非常に少ないため、安全性が高くなります。また、発電にともなってCO_2の排出がない脱炭素電源というメリットもあります。

ただし、核融合炉では1億℃以上の高温プラズマを生成し、それを固体等の容器に触れることなく閉じ込める（保持する）技術が必要となるため、実用化は容易なことではありません。

現在、核融合発電の実用化へ向け、日本、EU、ロシア、米国、韓国、中国、インドが連携し、ITER（国際熱核融合実験炉）の建設がフランスにおいて進められています。2007年に始まった建設工事は、2025年に完了する予定で、その後、実験炉の運転をスタートさせ、プラズマの制御試験などが行われます。

核融合発電の商用化は、一般に2050年頃になると予想されています。ただ、欧米や日本などのベンチャー企業が研究開発を加速させており、商用化の時期は大幅に早まる可能性があります。

政府の目標は？

グリーン成長戦略では、核融合について、ITER計画などの国際連携を通じた核融合研究開発の着実な推進を目指すことを掲げています。ITERなどを通じて、主要機器の工学的実証とエネルギー出力状態の長時間維持技術を確立し、核融合エネルギーの実現を目指す、としています。

核融合反応*

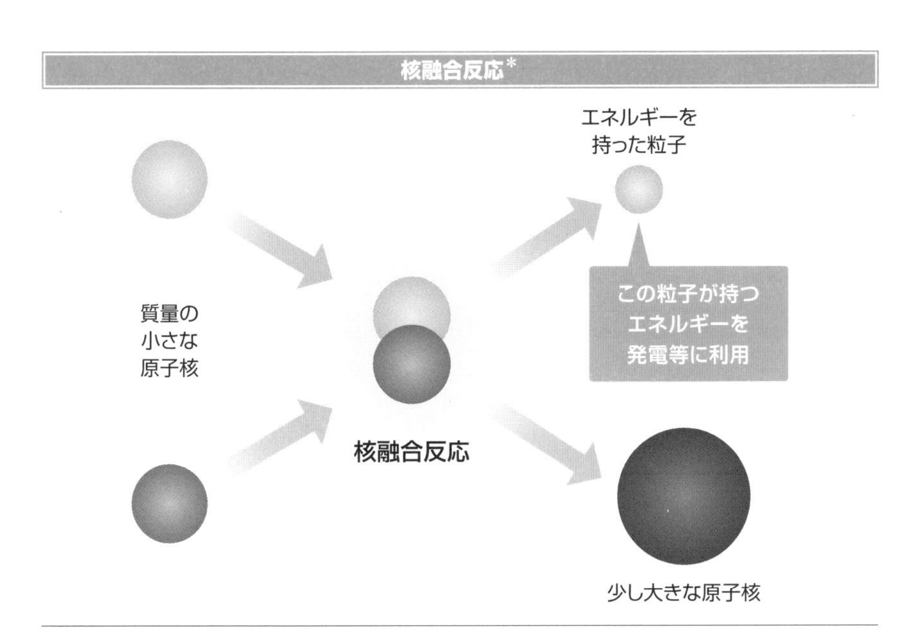

*核融合反応　文部科学省の核融合研究のホームページ（https://www.mext.go.jp/a_menu/shinkou/fusion/）より。

国産エネルギーによる自給率の向上

日本における2020年度のエネルギー自給率は11.3%であり、ここ数年はほぼ横ばいで推移しています。これは他のOECD加盟国と比べ、極めて低い水準になります。IEAのエネルギー自給率の推計値（2020年）によれば、米国は106%、イギリスは76%、フランスは55%、ドイツは35%であり、日本の自給率は際立って低いことがわかります。

エネルギー自給率は、エネルギーを自国内で確保できる割合を示していますので、この割合が低いということは、自国内であまり確保することができず、海外からの輸入に依存していることになります。日本における2020年の一次エネルギー供給のうち、88.9%を石炭・石油・天然ガスといった化石エネルギーが占めており、そのほとんどを海外に依存しているのです。

したがって、中東地域を始めとした資源国で政情の不安定化や紛争・戦争などが起きれば、エネルギー自給率の低い日本は大きな打撃を受けてしまうことになります。具体的には、エネルギー資源の調達の不安定化や価格の高騰など、深刻な問題に直面することになるのです。

さて、このような深刻な問題を回避するには、どうすれば良いのでしょうか。日本ならではの良い方法があります。それは、化石エネルギーの使用をやめ、国産の資源に切り替えてしまうことです。日本は四方を海に囲まれており、海洋エネルギーを利用することができます。加えて、日本は火山国であり、地下には豊富な地熱エネルギーが眠っています。海洋エネルギーや地熱エネルギーの利用では、化石エネルギーのようにCO_2の排出がともなわないため、温暖化対策にも役立ちます。

海洋エネルギーとしては、海流、潮流、波力、海洋温度差を利用した発電があげられます。現在、技術開発や商用化へ向けた実証が進められているところですが、膨大なエネルギーポテンシャルを秘めており、早期の商用化が望まれます。一方、地熱発電は50年以上前から商用化されているものの、十分に活用されている状態からは程遠く、迅速な導入拡大が望まれます。

このように海洋エネルギーや地熱による発電の社会実装と普及促進に取り組むことで、エネルギー自給率を高めて脱炭素を推進するという、二兎を追って二兎を得ることができるのです。

第5章

CO_2の排出を減らす方法は？

日本における2021年度の一次エネルギー供給のうち、石油・石炭・天然ガスといった化石燃料で全体の83%を占めています。化石燃料を燃焼させてエネルギー源として使用すると、大量のCO_2を排出してしまいます。

このような化石燃料由来のCO_2の排出削減に向けて、省エネルギーは即効性のある方法として期待されています。エネルギーの社会インフラの転換には長い時間を要しますが、省エネは使用している機器を省エネ性能の高いものに更新することなどによって達成することができ、比較的短い時間軸でCO_2排出の削減効果を得ることができるのです。

5-1 省エネルギー① 移行期と省エネ、対象と外部要因

脱炭素社会の構築に向けては、そこへ至るまでの移行期を支える手段として省エネが重要になります。ここでは、省エネの重要性を再確認した上で、省エネ活動の全体像（対象や外部要因）について解説します。

移行期を支える省エネルギー

省エネは**省エネルギー**の略であり、エネルギーを省く（はぶく）という言葉ですが、省エネをもう少し掘り下げて考えてみると、「エネルギーを無駄なく、効率的に消費する」という意味を持っています。省エネとは、「現代社会においてエネルギーの消費が欠かせないものである以上、そのエネルギーを大切に使っていこう」ということなのです。

私たちの日々の暮らしや仕事は石油、石炭、天然ガスなどのエネルギー資源を消費することで成り立っています。たとえば、家庭にはテレビ、冷蔵庫、洗濯機、炊飯器、電子レンジ、換気扇、掃除機、エアコンなど、たくさんの家電製品があふれ、それらを使用することによって、私たちは快適で便利な生活を送っています。また、オフィスではパソコンなどのOA機器が並び、空調や照明が整えられ、私たちは快適な室内環境の下で仕事をしています。ただし、これらの機器は電気が供給されなければ使用することができず、ただのガラクタになってしまいます。そのため電力需要の変動に合わせて電気を作り、安定的に電力を供給することが必要になります。

一方、現在の日本における電力供給の主力は、化石燃料（石油、石炭、天然ガス）を燃やして発電する火力発電であり、発電にともなって大量のCO_2を排出しています。将来的には、このような化石火力から脱炭素電源（再生可能エネルギー、原子力、水素・アンモニア）へ切り替わっていくのですが、社会インフラの転換には時間がかかってしまうため、そこまでのトランジション（移行）期を支える低炭素化の手法として、「省エネ」が重要になるのです。

省エネの対象と外部要因

図は、家庭などのエネルギーの消費者に対して製品やサービスを提供するためのサプライチェーン、およびそれらの活動に影響を与える外部の要因を示しています。製品などの省エネ性能を高めたり、生産時に消費するエネルギーを低減したりする活動は、サプライチェーンの川上である材料、部品、機器、設備を生産する際に行われることに加え、川下の製品の生産やシステム・サービスの提供する際にも行われます。

たとえば、自動車のようなモビリティでは、軽量化が燃費や電費の改善に大きく寄与します。自動車の重量を仮に100kg軽くできたとすれば、燃費が1km/L向上すると言われています。必要な強度や耐熱性などを損なうことなく、材料や部品を軽量化するための技術開発は、人類がモビリティを使用し続ける限り、永遠に追求していくべきテーマなのです。

また、住宅にHEMS*を導入することで、家庭内の電力使用量を時間単位で確認できると同時に、電力の使用や家電製品を制御することができます。つまり、住宅をシステムとして捉え、システム全体を最適に制御することで省エネを推し進めることができるのです。

このほか、省エネ活動に影響を与える外部要因として、「政府による規制と支援」と「技術開発の進展」の2つがあげられます。

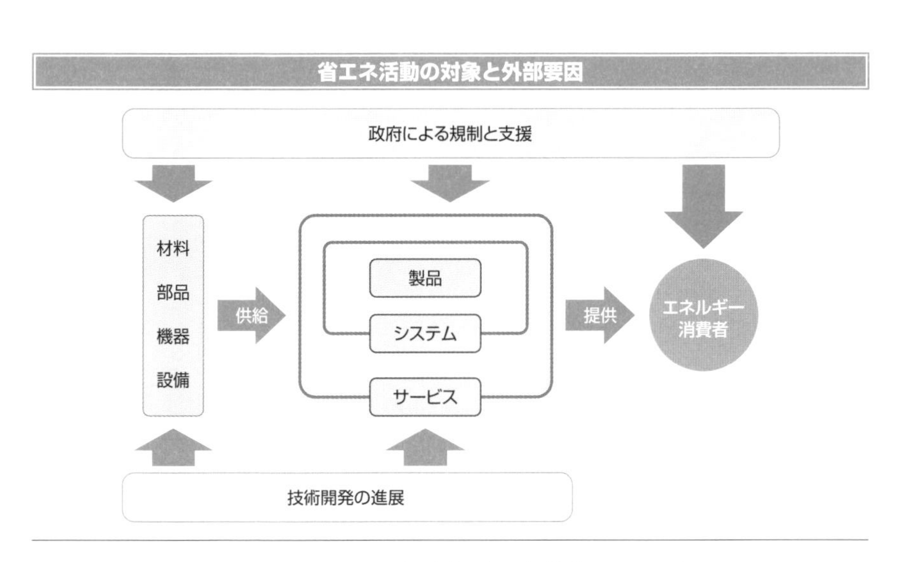

*HEMS　Home Energy Management Systemの略。家庭エネルギー管理システムのこと。

5-2 省エネルギー② 規制と支援、技術開発のテーマ

日本はエネルギー利用効率が高く、優れた省エネ技術を保有しており、新興国を始めとした世界市場の開拓が期待できます。これまで、規制や支援、技術開発といった省エネ活動に影響を与える外部要因が上手く作用してきた分野と言えます。

日本は省エネ先進国

2020年の世界各国における「1単位の国内総生産（GDP）を産出するために必要なエネルギー消費量」をみると、日本は、世界の中で最も省エネが進んだ地域である欧州の主要国と比べて遜色ない水準であり、かつインドや中国と比べると3分の1程度の少なさとなっています。このことは、日本はエネルギー利用効率が高く、省エネが進んでいることを示しています。前節で、省エネ活動に影響を与える外部要因として、「政府による規制と支援」や「技術開発の進展」を指摘しましたが、日本ではこれらの要因が比較的上手く作用してきたと言えます。

規制的措置と支援的措置

規制的措置の根幹となる法律が「エネルギーの使用の合理化等に関する法律」（略称：省エネ法）です。省エネ法は、工場等の設置者、輸送事業者や荷主に対して、省エネの取り組みを実施する際の目安となる判断基準（設備管理の基準やエネルギー消費効率改善の目標（年1%）等）を示すとともに、一定規模以上の事業者にはエネルギーの使用状況等を報告させ、取り組みが不十分な場合には指導や助言、および合理化計画の作成指示などを行うことを定めています。また、特定エネルギー消費機器等（自動車や家電製品等）の製造事業者に対し、機器のエネルギー消費効率の目標を示して達成を求めるとともに、効率向上が不十分な場合には勧告等を行うことも定めています（トップランナー制度）。

一方、支援的措置としては、年度ごとの補助金や投資を促進するための優遇税制があげられます。

省エネルギー技術戦略

省エネルギー技術戦略は、2007年4月に、2030年に向けた省エネルギー技術開発の具体的な方向性を示すロードマップ的な位置づけとして、初版が策定されました。その後、エネルギー基本計画の改定などの政府方針の変更に応じて、資源エネルギー庁と新エネルギー・産業技術総合開発機構（NEDO）が順次改定を行い、2019年7月に改訂されたものが最新（2024年1月時点）になります。

図は、その最新の省エネルギー技術戦略の中で特定された重要技術を示しており、テーマは広範かつ多岐にわたっています。重要技術は、重点的に取り組むことで、より効果的な技術開発や普及促進を図るべきテーマになります。

省エネルギー技術戦略で特定された重要技術*

一次エネルギー供給から最終エネルギー消費まで

エネルギー転換・供給

【高効率電力供給】
- **柔軟性を確保した系統側高効率発電**
- **柔軟性を確保した業務用・産業用高効率発電**
- **高効率送電**
- **高効率電力変換**
- **次世代配電**

【再生可能エネルギーの有効利用】
- 電力の需給調整

【高効率熱供給】
- **地域熱供給**
- **高効率加熱**

【熱エネルギーの有効利用】
- **熱エネルギーの循環利用**
- 排熱の高効率電力変換
- **熱エネルギーシステムを支える基盤技術**

産業

【製造プロセス省エネ化】
- 革新的化学品製造プロセス
- 革新的製鉄プロセス
- **熱利用製造プロセス**
- 加工技術
- IoT、AI活用省エネ製造プロセス
- 革新的半導体製造プロセス

家庭・業務

【ZEB／ZEH・LCCM住宅】
- 高性能ファサード
- 高効率空調技術
- 高効率給湯技術
- 高効率照明技術
- 快適性、生産性、省エネを同時に実現するシステム、評価技術
- **ZEB／ZEH、LCCM住宅の設計、評価、運用技術、革新的エネルギーマネジメント技術（xEMS）**

【省エネ型情報機器・システム】
- **省エネ型データセンター**（第4次産業革命技術）
- **省エネ型広域網、端末**（第4次産業革命技術）

運輸

【次世代自動車】
- 内燃機関自動車／ハイブリッド車性能向上技術
- プラグインハイブリッド車（PHEV）／電気自動車（BEV）性能向上技術
- 燃料電池自動車（FCEV）技術
- 内燃機関自動車／ハイブリッド車（重量車）性能向上技術
- PHEV／BEV／FCEV（重量車）の性能向上技術
- 車両軽量化技術
- 次世代自動車用インフラ

【ITS・スマート物流】
- 自動走行システム
- **交通流制御システム**（第4次産業革命技術）
- **スマート物流システム**（第4次産業革命技術）

部門横断
- 革新的なエネルギーマネジメント技術
- 高効率ヒートポンプ
- パワーエレクトロニクス技術
- 複合材料、セラミックス製造技術

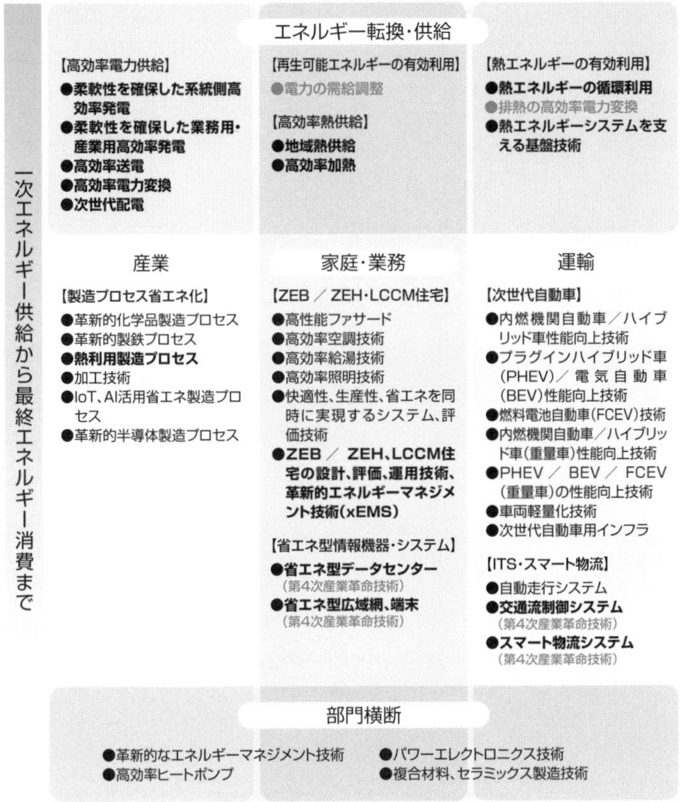

＊…**重要技術**　出典：新エネルギー・産業技術総合開発機構（NEDO）

5-3 ZEH（ネット・ゼロ・エネルギー・ハウス）

省エネと創エネによって、年間に消費する正味のエネルギー量をゼロ以下にできるZEHの普及拡大は、家庭からのCO_2排出削減に向け、重要な施策の一つになります。政府は、広報活動や事業者支援等を通じて、ZEHを普及させていく方針です。

ZEHとは？

ZEH*（ネット・ゼロ・エネルギー・ハウス）とは、住宅の高断熱化と高効率設備の搭載により、快適な室内環境と大幅な省エネルギーを同時に実現した上で、太陽光発電などを用いてエネルギーを創り、年間に消費する正味（ネット）のエネルギー量を概ねゼロ以下にできる住宅をいいます。つまり、個々の住宅で創るエネルギーが、そこで消費されるエネルギーより大きくなるようにしたものがZEHなのです。

図はZEHのポイントを示しており、ZEHは「高断熱でエネルギーを極力必要としない」「高性能設備でエネルギーを上手に使う」「エネルギーを創る」の3つを組み合わせることで実現されます。「高断熱でエネルギーを極力必要としない」では、壁・床・天井・屋根等の住宅本体や窓等の開口部を高断熱仕様にし、日射遮蔽の対策などを行うことで、住宅で使用するエネルギーとそのロスを最小限にします。また、「高性能設備でエネルギーを上手に使う」では、高効率空調、高効率照明、高効率給湯、省エネ換気などを導入し、HEMS*でこれらの機器を管理することで、ムダがなく効率の良い運転を行います。「エネルギーを創る」では、太陽光発電システムを搭載することで、家庭で消費するエネルギーよりも大きなエネルギーを創ります。併せて、蓄電池を活用して電気を貯めておき、太陽光で発電している時間以外にも電気を使えるようにします。

このようなZEHは、住宅の高断熱化や設備の高効率化によって、生活に必要なエネルギーの消費を抑制することができます。そして、屋根に設置した太陽光パネルで電気を自給自足できれば、家庭からのCO_2の排出を減らすことにつながり、各家庭単位での脱炭素化を前進させることができるのです。

---

* **ZEH**　net Zero Energy Houseの略。
* **HEMS**　Home Energy Management Systemの略。

普及の現状、政府の方針

新築注文住宅の2021年度の総数は279,135戸、そのうちZEHは74,678戸であり、ZEHの占める割合（ZEH化率）は26.8%となっています。2021年度のZEH化率の内訳は、ハウスメーカーで61.3%、一般工務店で10.7%であり、住宅事業者の規模によってZEH化率には大きな差があります。また、ZEH化率は、2016年度の11.8%から徐々に上昇を続けており、2021年度の26.8%以降も、上昇していくことが見込まれます。

政府は、広報活動による認知度の向上や事業者の支援、太陽光発電や蓄電池の導入促進などを通じて、ZEHを普及拡大させていく方針です。政府のグリーン成長戦略をみると、住宅や建築物について、住宅を含む省エネ基準の適合義務づけなどの規制措置の強化、ZEH・ZEB*の普及拡大、省エネリフォーム拡大や省エネ性能の向上に資する不動産事業に対する投資促進に向けた措置を含む既存ストック対策の充実・強化、長期優良住宅の認定基準や住宅性能表示制度の見直しにより省エネ性能の向上を図っていく、としています。

ZEHのポイント*

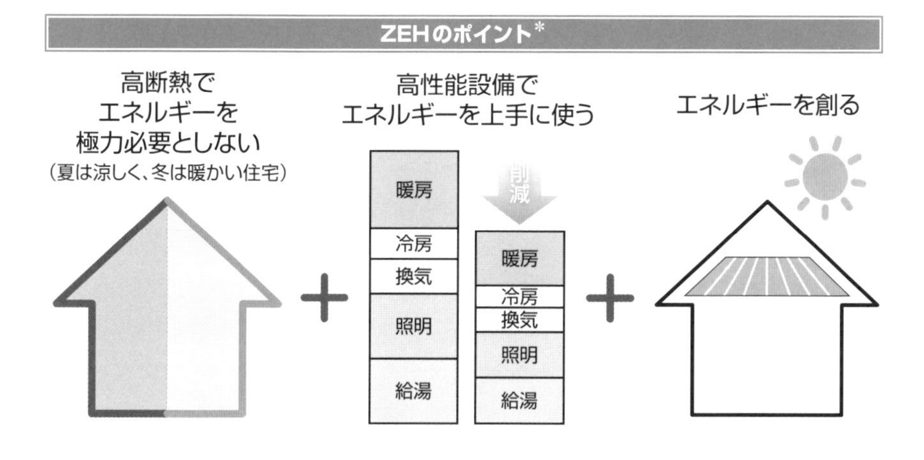

＊**ZEB**　net Zero Energy Buildingの略。ZEHと同様に、省エネと創エネにより正味（ネット）のエネルギー量を概ねゼロ以下にできる建築物のこと。
＊**…のポイント**　資源エネルギー庁の省エネポータルサイト（https://www.enecho.meti.go.jp/category/saving_and_new/saving/general/housing/index03.html）より。

5-4 コージェネレーションシステム

電力と熱を同時に生産し供給するコージェネを導入することで、省エネ効果やCO_2削減効果などが期待できます。コージェネは燃料が本来持っているエネルギーを最大限活用できるため、普及を加速させていくことが望まれます。

コージェネレーションシステムとは？

コージェネレーションシステムとは、電力と熱を同時に生産し供給するシステムの総称であり、「コージェネ」または「熱電併給」とも呼ばれます。現在主流となっているコージェネでは、天然ガス・石油・LPガス等を燃料として、内燃機関（エンジン、タービン）や燃料電池を用いて発電し、その際に生じる廃熱を捨てずに回収します。そして回収した廃熱は、蒸気や温水として、工場や施設の熱源、冷房や暖房、給湯などに利用します（図参照）。

発電の際に発生する熱を捨てずに利用するコージェネでは、燃料が本来持っているエネルギーの約75～80%を利用することができるため、高い総合エネルギー効率を実現できます。したがって、コージェネを導入することで、①省エネルギーの効果、②CO_2削減の効果、③経済性の向上といった3つのメリットが得られます。

コージェネの現状と用途

1980年代から導入が始まったコージェネの累積導入量は、現在まで右肩上がりに増加しています。コージェネ財団によれば、2022年3月末の累積導入容量は、産業用と民生用を合わせて1,351万kWにのぼります。その内訳をみると、民生用が274万kW（一台当たり平均の容量175kW）、産業用が1,077万kW（同容量1,785kW）となっています。産業用は民生用に比べ導入量が多く、一台当たり平均の容量も約10倍の規模であることがわかります。なお、この累積導入容量には、家庭用燃料電池（エネファーム）と家庭用ガスエンジン（エコウィル、コレモ）は含まれていません。

民生用のコージェネとしては、商業施設、飲食店、ホテル、病院、スポーツ施設、清掃・上下水道・卸売市場、地域冷暖房における利用があげられます。また、産業用のコージェネとしては、鉄鋼・金属、化学・石油化学、紙・パルプ、機械、電機・電子、食品・飲料、エネルギーの工場等における利用があげられます。

コージェネの課題と対策

政府はこれまでも補助金の交付や優遇税制を通して、コージェネの普及を後押ししてきました。その効果として、コージェネの累積導入量は年々増加しています。ただ、脱炭素社会の実現に向け、熱電併給によって燃料が本来持っているエネルギーを最大限活用できるコージェネを、さらに普及させていくことが望まれます。

エネルギーの需要家がコージェネを導入するに当たって最大の障壁となるのは、廃熱を回収して利用する装置が必要なために装置全体が大掛かりとなり、イニシャルコスト（初期費用）が高くなってしまう点にあります。技術開発への取り組みを通じて、装置全体のコスト低減、および発電効率や熱回収効率の向上を図ることにより、イニシャルコストやランニングコストを引き下げて、コージェネへの投資を行いやすくすることが重要になります。

コージェネレーションシステムの基本構成*

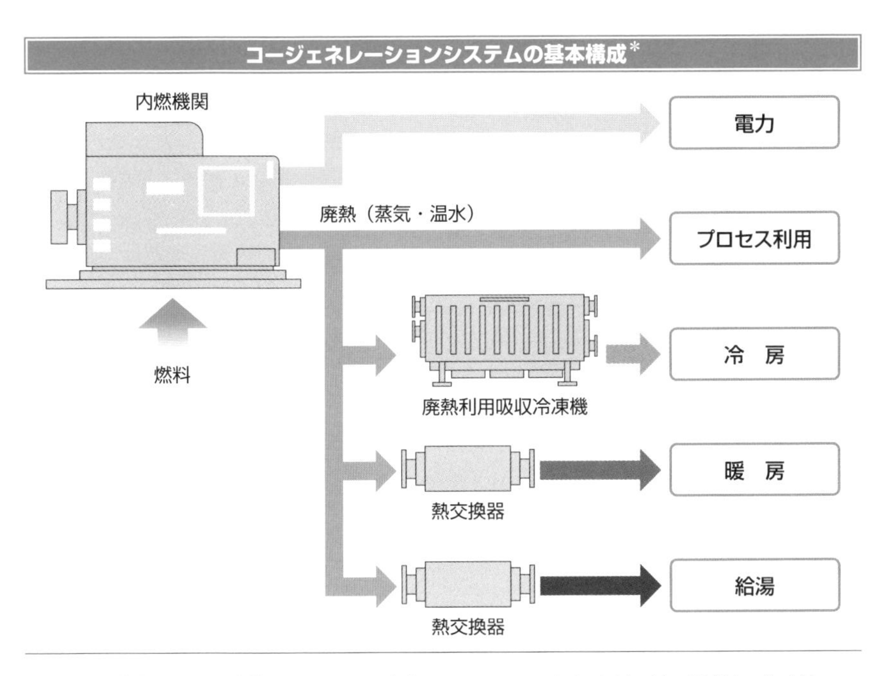

＊・・・の基本構成　コージェネ財団のホームページ（http://www.ace.or.jp/web/chp/chp_0010.html）より。

5-5 ヒートポンプ

ヒートポンプは、私たちの身の回りにある冷蔵庫やエアコン、最近では給湯機（エコキュート）などに利用されている省エネ技術です。CO_2の排出量も大幅に削減できることから、脱炭素社会の構築にも貢献できます。

ヒートポンプとは？

ヒートポンプとは、少ないエネルギーの投入によって、空気中などから熱をかき集め、大きな熱エネルギーにして利用する技術のことです。ヒートポンプを利用することで、消費したエネルギー以上の熱エネルギーを得ることができるため、大きな省エネ効果を実現できます。

図は、ヒートポンプを搭載した家庭用エアコンを用いて、室内を暖房する際の仕組みを示しています。まず、冷媒（フロンガスや二酸化炭素など）と熱交換器を用いて、室外の空気から熱を吸収します。次に、電気の力で冷媒を圧縮して、冷媒の温度を上昇させます。そして、冷媒と熱交換器を用いて、室内の空気を温めて暖房を行います。その後、膨張弁で急激に圧力を下げて、冷媒の温度を低下させ、室外の空気よりも冷媒の温度を下げて熱交換器へ送ります。

このように冷媒を圧縮したり、膨張させたりしながら循環させて、暖房を行います。一方、エアコンで冷房を行う場合は、屋外と屋内が逆になり、室内の空気から熱を吸収して室内の温度を下げ、吸収した熱は室外に移動させて放出します。

なお、日本で販売されている最新のヒートポンプエアコンは、図に示すように、1の投入エネルギー（電力）で、その7倍の熱エネルギーを得ることができます。電気ヒーターで暖房する場合と比較して、ヒートポンプエアコンの消費電力は1/7程度であり、大きな省エネ効果が得られます。

ヒートポンプは、−100℃から100℃程度の温度帯において利用が可能です。従来から、冷蔵庫や冷房などの冷却する用途にヒートポンプは使われてきましたが、技術開発の進展により、暖房（特に寒冷地）や給湯、蒸気など、さまざまな加熱する用途での普及が拡大しています。

世界市場の動向、政府の方針

現在、ヒートポンプの世界市場は、急速に成長しています。各国の政府がヒートポンプの導入を支援しており、今後も高い成長が見込まれています。たとえば、欧州では、暖房や給湯などの熱需要を、これまでは化石燃料を燃焼させるガスボイラー等でまかなっていたのですが、ヒートポンプへの切り替えを促す政策を進めています。背景には、脱炭素化の推進だけでなく、ロシアのウクライナ侵攻を受け、ロシア産化石燃料への依存から脱却する必要が生じたことがあります。

IEA*は、世界全体におけるヒートポンプ搭載の暖房設備台数（累積）について、2020年の1億7,734万台から、2030年には3.4倍の6億台へ拡大すると予測しています。

一方、2021年のヒートポンプの世界市場において、日本企業（ダイキン工業、パナソニック等）は約40%のシェアを占めており、強い国際競争力を持っています。日本政府は、国内市場における①導入支援、②ヒートポンプメーカーの競争を促すような制度を通して、日本メーカーの競争力をさらに高め、今後成長が見込まれる世界市場の獲得につなげていく方針です。

ヒートポンプを用いた暖房の仕組み*

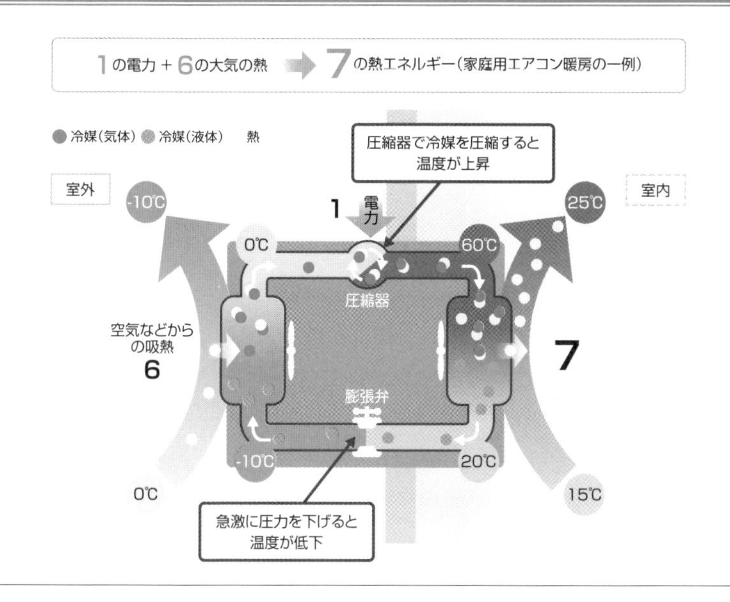

*IEA　International Energy Agencyの略。国際エネルギー機関のこと。

*…の仕組み　ヒートポンプ・蓄熱センターのホームページ（https://www.hptcj.or.jp/study/tabid/102/Default.aspx）より。

5-6 パワー半導体の省エネ

パワー半導体は電力の制御や変換を行うためのデバイスであり、さまざまな用途で使用されています。パワーエレクトロニクスやパワー半導体に着目して省エネ技術の開発に取り組むことにより、産業全体としてみた時に大きな省エネ効果が期待できます。

パワー半導体で電力変換

パワーエレクトロニクスとは、半導体を用いて直流から交流への電力変換を行ったり、電力量を調整したりするなど、電力変換と制御を中心とした応用システム全般の技術のことです。また、パワーエレクトロニクスで使われる半導体がパワー半導体であり、パワー半導体は電力の制御や変換を行うためのデバイスになります。

たとえば、太陽光発電システムは、太陽電池によって発電した直流の電力を、家庭での消費や電力会社の電力系統に戻すために、交流の電力に変換する必要があります。そこで太陽光発電システムでは、パワーコンディショナに内蔵されたインバータを用いて、発電した直流電力を交流電力に変換します。**パワー半導体**は、このインバータに使用されています。

言うまでもありませんが、電気は、情報機器、家電、空調、照明、自動車、鉄道車輌、無停電電源など、あらゆる分野に使用されています。そして、発電から送配電、電力の消費までの各段階において、電圧や周波数の制御などの電力変換が行われていることから、パワーエレクトロニクスはさまざまな場面で応用が進んでいます(図参照)。

したがって、パワーエレクトロニクスやパワー半導体に着目して省エネ技術の開発に取り組むことにより、電力変換や制御を高効率化できれば、産業全体としてみた時に大きな省エネにつながります。

なお、2021年の世界のパワー半導体企業の売上高ランキングをみると、日本企業は上位10社中5社を占めており、強い国際競争力を持っています。

政府の方針

政府のグリーン成長戦略では、パワー半導体について、従来のSiパワー半導体を高性能化するための取り組みに加えて、超高効率の次世代パワー半導体（GaN、SiC、Ga_2O_3等）の実用化に向け、物性評価や材料探索などの面から研究開発を支援するとともに、導入促進のために半導体サプライチェーンへの設備投資の支援などを実施するとしています。これにより、2030年までに、省エネ50%以上の次世代パワー半導体を実用化して普及拡大を進め、世界市場において日本企業が4割のシェア（1.7兆円に相当）を占めることを目標に掲げています。

また、電気機器の省エネ化について、次世代省エネ機器（モータ制御用半導体等）、次世代パワーエレクトロニクス技術（AI等を活用した高効率制御等）、次世代モジュール技術（高放熱材料等）や次世代受動素子・実装材料（コイル等）などの研究開発を進めるとともに、Siパワー半導体や次世代パワー半導体の成果を用いて、現時点から応用可能な用途（電動車、データセンター電源、電力変換器、LED等）における技術の実証・実装・高度化を支援していく方針です。

パワーエレクトロニクスの応用*

モーターの回転速度を調整し、効率よく運転することで省エネを実現

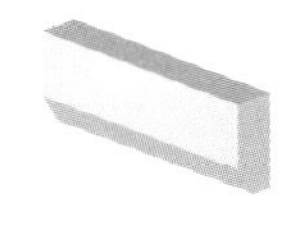

エアコン

ハイブリッド自動車

洗濯機

電車（インバータ車）

太陽電池で発電したエネルギー（直流）を家庭のコンセント（交流）に変換

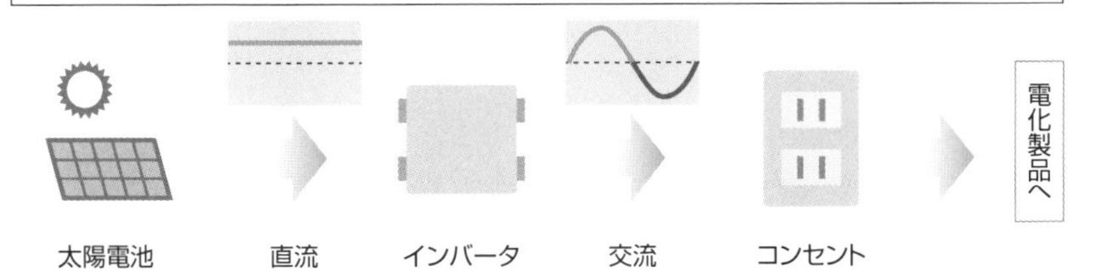

＊…の応用　東京工業大学のホームページ（https://www.titech.ac.jp/public-relations/research/stories/faces20-akagi）より。

5-7 ハイパーループ

ハイパーループは、真空に近い状態まで減圧したチューブの中を、磁気浮上させた車両が高速で走行します。直接的な車両からのCO_2排出がないため、4章で取り上げてもよいのですが、ハイパーループの究極の省エネ走行に着目して、本章で紹介します。

ハイパーループとは?

ハイパーループとは、鉄製等のチューブの中を減圧して真空状態に近づけ、その中を接触しないように磁気浮上させたポッドと呼ばれる車両を高速で走らせる、革新的な交通システムをいいます（図参照）。

ハイパーループは、車両を走行させる際の摩擦抵抗や空気抵抗が抑えられることから、時速1,000kmを超える高速移動が可能であり、加えて低消費電力での走行（＝省エネ走行）が可能になります。たとえば、従来の鉄道では、車輪とレールの間に摩擦抵抗があることに加え、走行中の車体が強い空気抵抗を受けるため、動力源のネルギー損失が大きくなります。これに対してハイパーループは、摩擦抵抗や空気抵抗をほとんど受けないため、動力源のエネルギー損失を極めて小さくすることができるのです。つまりハイパーループは、真空状態に近い空間を浮上して走行するため、究極の省エネ走行が可能なモビリティということができます。

ただし、ハイパーループは、数百kmに及ぶような長いパイプ全体を減圧し、その状態を維持するために、大きなエネルギーを消費することになります。したがって、車両を走行させること自体で消費するエネルギーだけでなく、パイプ内の減圧も含めたシステム全体でエネルギー効率を評価しなくてはならない点に、注意が必要です。

ハイパーループには、上記の高速移動や省エネ走行のほか、「飛行機のように運航が天候に左右されない」「システム全体の電力を再生可能エネルギーなどで賄えば、交通手段を脱炭素化できる」「騒音がない」などのメリットがあります。

ベンチャー企業の果敢な挑戦

ハイパーループが注目されるようになったきっかけは、2013年に米国の実業家であるイーロン・マスク氏（テスラ、スペースX等の創業者）が、次世代交通システム「ハイパーループ」構想の発表を行ったことでした。

日本では、次世代の高速鉄道として、リニア中央新幹線が2037年の全線開通を目指して工事が進められているところであり、ハイパーループへの注目度は高くありません。しかしながら海外では、欧米のベンチャー企業を中心に積極的な技術開発が進められています。

たとえば、Virgin Group（イギリス）傘下の輸送技術会社であるVirgin Hyperloopは、2020年11月に有人での試験走行を成功させています。米国ネバダ州の砂漠にある、500mのテストコースにおいて、乗客2人を乗せたポッドを走行させ、最高時速172kmを記録しています。

ただし、商用化に向けては、減圧したチューブの破損は大事故に直結するため、安全性の確保、およびそれにともなって建設コストが増大するなどの課題が残されています。商用化の実現には懐疑的な見方も多いのですが、ベンチャー企業による果敢な挑戦が、既存の交通システムのブレークスルーにつながることが期待されます。

ハイパーループのイメージ

©wuttichaik/123RF.COM

5-8 シェアリングエコノミーとCO_2の排出削減

スマートフォンやSNSの普及を背景に、シェアリングエコノミーの市場拡大が予想されています。シェアリングエコノミーは、スペースやモノや移動をシェアすることによって、CO_2の排出量を削減する効果も期待できます。

シェアリングエコノミーとは?

シェアリングエコノミーとは、インターネットを介して、個人と個人、あるいは個人と企業等との間で、使っていない資産(場所・モノ・スキル等)の貸し借りなどを行う、新たな形の経済活動を指します。

シェアリングエコノミーは、主に「空間」「モノ」「スキル」「移動」「お金」をシェア(共有)するサービスに分類できます。具体的には、空間のシェアとして、会議室、駐車場、民泊があげられます。また、モノのシェアとして、フリーマーケットサービス、レンタルサービスがあげられます。スキルのシェアとして、家事代行、育児、料理、介護、教育などがあげられます。移動のシェアとして、カーシェア、サイクルシェア、相乗りがあげられます。お金のシェアとしては、クラウドファンディングがあげられます。

このようなシェアリングエコノミーには、①使わずに遊ばせている資産を有効に活用できる、②利用者は安価に利用でき、提供者は初期費用が発生しないため、双方に経済的な利点がある、③新たな消費が促進されて経済効果が高まり、地域経済の活性化などに役立つ、④シェアサービスの提供を通して、CO_2の排出を削減できるなどのメリットがあります。

シェアリングエコノミーで脱炭素へ貢献

図は、既存のスペースやモノをシェアすることによって、脱炭素社会へ貢献できる効果の推計を示しています。本推計では、シェアリングエコノミーの市場規模が、2030年度には14兆2,799億円まで拡大すると想定しています。

スペースのシェアサービスでは、既存の建築物をシェアして活用するため、新築建設や、その前段階の建設物解体にともなって排出されるCO_2が減少します。また、モノのシェアサービスでは、既存のモノをシェアして活用するため、新品の生産や、家庭のゴミ処理にともなって排出されるCO_2が減少します。スペースとモノのシェアサービスを活用することで、2030年度におけるCO_2の削減効果は、445万トンになると推計しています。日本における2021年度のCO_2排出量は10億6,400万トンでしたので、これに比べると、スペースとモノのシェアサービスによる削減効果は微々たるものなのですが、さまざまな工夫と努力を積み重ねることによって、シェアリングエコノミーのような新たな経済活動への転換を推し進めることが、脱炭素社会の実現につながるのではないでしょうか。

このほか、移動のシェアサービスでも、カーシェアやサイクルシェアの活用によって化石燃料の消費などが減少し、CO_2の排出を減らすことができます。

2030年度のCO_2削減効果の予測*

	スペース関連のCO_2排出量		モノ関連のCO_2排出量		合計
シェア活用前	新築建設時のCO_2排出量	建設廃棄物処理のCO_2排出量	家庭で利用するモノの生産時のCO_2排出量	家庭ゴミ処理のCO_2排出量	CO_2排出量合計
	4,036万 t-CO_2	233万 t-CO_2	1,618万 t-CO_2	240万 t-CO_2	6,127万 t-CO_2
▼	スペースのシェアサービスで既存の建築物をシェアして活用		モノのシェアサービスで既存のモノをシェアして活用		スペース・モノのシェア活用
シェア活用後	新築建設の減少	建設物解体の減少（廃棄物減少）	新品購入の減少	家庭ゴミの減少（廃棄物減少）	貢献効果合計
	351万 t-CO_2減少（8.7%減少）	20万 t-CO_2減少（8.7%減少）	63万 t-CO_2減少（3.9%減少）	11万 t-CO_2減少（4.5%減少）	445万 t-CO_2減少（7.3%減少）

宿泊業の排出量351万t-CO_2、小売業の排出量330万t-CO_2よりも大きい

※2030年度のシェアリングエコノミー市場規模が14兆2,799億円まで拡大すると想定した場合の推計。
※基準となるCO_2排出量は2020年度データから計算。
※一般社団法人シェアリングエコノミー協会と株式会社情報通信総合研究所 との共同調査

＊…の予測　情報通信総合研究所「シェアリングエコノミー関連調査 2021年度調査結果（SDGsへの貢献効果）」（2022年3月）p.2より。

注目を集めるサーキュラーエコノミー

サーキュラーエコノミー（循環経済）とは、従来のように大量に製品を生産して大量に消費し、大量に廃棄処分される社会や経済を見直し、企業の競争条件への影響も考慮しながら、資源や製品の価値の最大化、資源消費の最小化、廃棄物の発生抑止などを図っていく社会経済システムのことをいいます。すなわち、従来の製品を使い捨てて直線的（リニア）に消費する経済から、廃棄物を出さずに、資源や製品の質をできるだけ落とさずに循環（サーキュラー）させて使用する経済への転換を意味しています。

EU（欧州連合）では、サーキュラーエコノミーを成長戦略として位置づけています。EUの主要機関の一つである欧州委員会は、2015年12月に、2030年へ向けた成長戦略の柱として、サーキュラーエコノミーパッケージを承認し、2016年6月には具体的なアクションプランを採択しています。同パッケージの主な内容としては、食品廃棄物の削減、二次資源の品質基準の開発、製品の修理可能性・耐久性・再生可能性やエネルギー効率の向上、プラスチック戦略、水の再利用などの施策があげられます。さらに、2020年3月には「新サーキュラーエコノミー行動計画」が公表され、取り組みの強化を図っています。この新行動計画は、2019年12月に公表された「欧州グリーンディール」（2章3節参照）の主要な柱の一つとして位置づけられています。

近年、サーキュラーエコノミーは、世界で急速に注目されるようになっています。欧州のみならず、さまざまな国がサーキュラーエコノミーへの転換を政策的に推進しているのです。

このような中、日本では経済産業省が2020年5月に「循環経済ビジョン2020」を公表しています。この循環経済ビジョンは、日本企業がこれまで培ってきた3R（リデュース、リユース、リサイクル）の面での強みを活かし、グローバル市場における中長期的な産業競争力の強化を狙いとしています。

サーキュラーエコノミーの取り組みを通して、製品のライフサイクル全体における温室効果ガスの排出低減につながることから、脱炭素社会の実現に向けても、重要なテーマになります。

第6章

CO_2を回収・利用する方法は？

「地球温暖化の原因となる CO_2 を資源として利用する！」これこそ逆転の発想であり、脱炭素社会の実現に向けて役立つ、素晴らしいアイデアなのではないでしょうか。

工場の製造プロセスなどから排出される CO_2 は、さまざまな対策を行ってもなお、削減しきれない分が残ります。このような CO_2 を回収して、化学品や燃料などの原料として利用したり、地下深くへ貯留したりする、さまざまな技術開発の取り組みが進められています。

ただし、カーボンリサイクルや CCS の社会実装に向けては、技術開発や経済性の確保など、数多くの課題が残されています。

6-1 CCUSとカーボンリサイクル

脱炭素社会の構築に向け、製品の製造プロセスなどで大量に排出されるCO_2を回収・利用・貯留する、さまざまな技術に注目が集まっています。中でも、脱炭素のための強力なツールの一つとして期待されているのが『カーボンリサイクル』です。

CO_2の回収・利用・貯留

図は、CO_2の回収・利用・貯留に関して、その全体像を整理したものを示しています。**CCUS***とは、「CO_2の回収・利用・貯留」のことです。最初に、製造プロセスなどで発生したCO_2を含むガスから、CO_2を分離して「回収」します。

次に、回収したCO_2を地下へ「貯留」することで、大気中へのCO_2の放出を無くすことができます。このCO_2の回収・貯留はCCS*と呼ばれます。

一方、回収したCO_2を「利用」することで、大気中へのCO_2の放出を無くすことができます。そのCO_2の利用方法として、「EOR」「CO_2の直接利用」「カーボンリサイクル」の3つがあげられます。

EOR*（石油増進回収）とは、原油の回収率を上げるための技術のことです。いくつかの方法があるのですが、図中のEORは原油貯留層にCO_2を圧入することにより、油層内の原油の流動性を高め、原油の回収量を向上させる技術を指しています。原油の増産が主目的ですが、同時に、圧入したCO_2の一部は地下に残留して貯留されます。また、「CO_2の直接利用」では、溶接の際のシールドガス、あるいはドライアイスを製造する際の原料等として利用されます。従来はCO_2を製造（石油化学プラント等の副生ガスから精製）して使用されていましたが、それに代えて回収したCO_2を使用します。そして、図の右側に示されているのが、「カーボンリサイクル」によるCO_2再利用の用途になります。

カーボンリサイクルとは？

カーボンリサイクルとは、排出されるCO_2を資源として捉え、CO_2を分離・回収して、再利用することをいいます。

＊**CCUS**　Carbon dioxide Capture, Utilization and Storageの略。
＊**CCS**　Carbon Dioxide Capture and Storageの略。
＊**EOR**　Enhanced Oil Recoveryの略。

火力発電や都市ガスといったエネルギー転換部門、および鉄鋼や化学工業や窯業·土石製品などの産業部門では、事業活動にともない、大量のCO_2が排出されるため、カーボンリサイクルの適用が期待されています。

たとえば、鉄鋼や化学工業などの工場では、製品の製造プロセスにおいて大量のCO_2が発生していて、これまでは発生したCO_2を煙突から大気中へ捨てていました。これから実用化が期待されるカーボンリサイクルでは、この工場等で大量に発生するCO_2の大気中への排出を無くし、CO_2を回収して資源化します。

このようなカーボンリサイクルの用途として、ポリカーボネートやオレフィンなどの化学品、バイオジェット燃料やメタンなどの燃料、セメントやコンクリート製品などの鉱物、ネガティブエミッションの4つがあげられます。

なお、ネガティブエミッションとは、大気中のCO_2を回収・吸収して、貯留・固定化することにより、大気中のCO_2除去に役立てることをいいます。

CO_2の回収・利用・貯留の全体像*

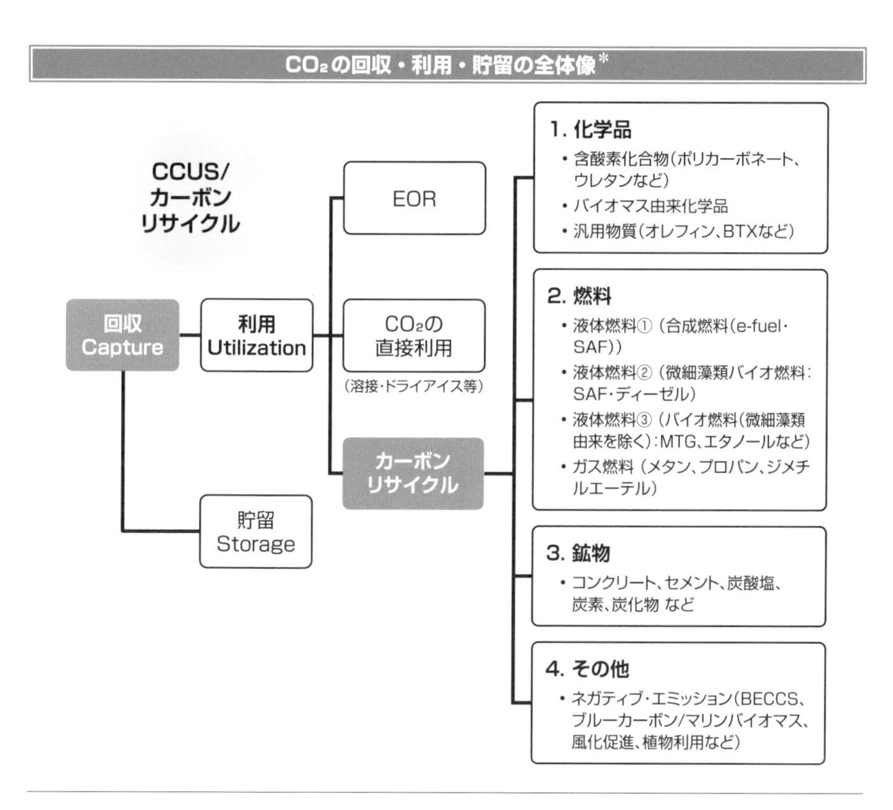

＊・・・の全体像　経済産業省「カーボンリサイクル技術ロードマップ」(2021年7月改訂) p.1より。

6-2 カーボンリサイクル技術ロードマップ

経済産業省は、カーボンリサイクルの社会実装に必要な技術開発を加速させるため、カーボンリサイクル技術ロードマップを策定しています。ロードマップでは、2030年頃からカーボンリサイクル製品が普及し始めると見込んでいます。

技術ロードマップでイノベーションを加速

カーボンリサイクルの技術開発においてイノベーションを加速化していくため、2019年6月に、経済産業省は**カーボンリサイクル技術ロードマップ**を策定しています。本ロードマップは、カーボンリサイクル技術について、目標や技術課題やタイムフレーム（フェーズ毎の目指すべき方向性）を設定し、国内外の政府·民間企業·投資家・研究者などの関係者と共有することを目的としています。

その後、2020年12月に「2050年カーボンニュートラルに伴うグリーン成長戦略」が策定され、その中でカーボンリサイクルはキーテクノロジーとして位置づけられました。そして2021年7月に、経済産業省は「カーボンリサイクル技術ロードマップ改訂版」を公表しています。

カーボンリサイクルの今後の見通し

図は、カーボンリサイクル技術ロードマップ改訂版に記載されている、カーボンリサイクルが市場へ普及していく見通しを示しています。

フェーズ1は、現時点から2030年にかけての期間に該当します。このフェーズ1では、カーボンリサイクルの研究・技術開発・実証に着手すること、2030年頃からの普及が期待できる、水素が不要な技術や高付加価値製品の製造技術に重点を置くことを明示しています。重点を置く製造技術として、ポリカーボネート等の化学品、バイオジェット燃料等の燃料、道路ブロック等の鉱物をあげており、これらは2030年頃から普及し始めると見込んでいます。

フェーズ2は、2030年から2040年にかけての期間に該当します。このフェーズ2では、2030年頃から普及が見込まれる技術を低コスト化すること、安価な水素供給を前提として2040年以降に普及が見込まれる技術のうち、需要の多い汎用品の製造技術の研究開発に重点を置くことを明示しています。重点を置く製造技術として、オレフィンやBTX等の化学品、メタンや合成燃料等の燃料、コンクリート製品といった鉱物をあげています。

フェーズ3は、2040年以降になります。このフェーズ3では、さらなる低コスト化に取り組み、ポリカーボネートやバイオジェット燃料や道路ブロックの消費拡大、および需要の多い汎用品の普及を加速させることを狙っています。

ただし、カーボンリサイクル製品を市場へ普及させていくには、技術面やコスト面から、さまざまな克服すべき課題が残されています。

カーボンリサイクル拡大の見通し*

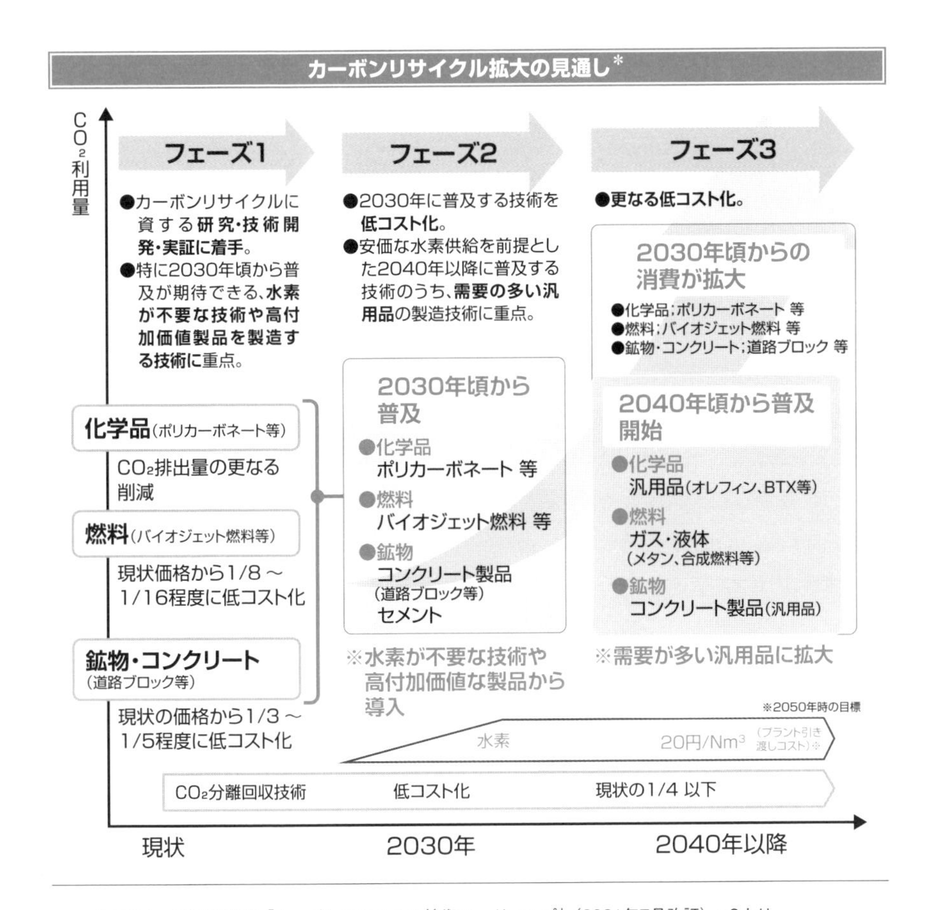

＊…の見通し　経済産業省「カーボンリサイクル技術ロードマップ」（2021年7月改訂）p.2より。

6-3 CO_2の分離・回収

排出されるCO_2を分離・回収する技術は、カーボンリサイクル等を社会実装していくに当たっての基盤技術になります。さまざまな分離・回収法の研究開発が進められる一方、回収コストの低減が大きな課題となっています。

さまざまなCO_2分離・回収技術

CO_2の利用や貯留を行うに当たって、最初に確立しておくべき基盤技術が、CO_2の**分離・回収**になります。CO_2を分離・回収する方法としては、化学吸収法、物理吸収法、固体吸収法、膜分離法、物理吸着法などがあげられます。化学吸収法は、既に一部で実用化されていますが、他の方法は、まだ研究･実証段階にとどまっています。火力発電所や工場などで発生する排ガスは、その排出源によって、組成やCO_2濃度、および圧力が異なるため、排出源ごとに適した分離・回収の方法を選定する必要があります。

化学吸収法は、アミンなどの溶剤を用いて、化学的にCO_2を吸収液で吸収させて分離・回収します。すなわち、化学吸収法では、液体とCO_2の化学反応を利用して分離・回収するのです。既に、石炭火力発電所や製鉄所の燃焼排ガスからCO_2を分離・回収する設備が実用化されています。

物理吸収法は、高圧下でCO_2を物理吸収液に吸収させて分離・回収します。すなわち、物理吸収法では、化学変化を伴わない形で、CO_2を吸収液に溶解させ、物理的に分離・回収するのです。

固体吸収法は、アミンをシリカや活性炭などの多孔質材料に担持*した固体吸収材を利用して、CO_2を分離・回収します。固体吸収法は化学吸収法と比べて、吸収したCO_2の脱離に要するエネルギー消費量を低減できるため、エネルギー効率が高くなるという利点があります。

膜分離法は、分離膜を用いて排ガスの中のCO_2だけを透過させて取り出します。原理的にCO_2の分離・回収に要するエネルギーが少ないため、低コスト化が期待できます。

＊**担持**　付着した状態で持っていること。

物理吸着法は、ゼオライトや活性炭などの固体の吸着材を用いて、CO_2を吸着させて分離・回収します。

コスト低減が最大の課題

CO_2の分離・回収技術の普及に向けては、分離・回収コストの低減が最も大きな課題になります。経済産業省が策定した「カーボンリサイクル技術ロードマップ」では、2030年の目標として、低圧ガス用で2,000円台/t-CO_2*、高圧ガス用で1,000円台/t-CO_2を掲げています。なお、低圧ガス用は、CO_2濃度が数%～、圧力が常圧程度の燃焼排ガスや高炉ガス等からCO_2を分離・回収することを想定しています。また、高圧ガス用は、CO_2濃度が数十%、圧力が数MPaの化学プロセスや燃料ガス等からCO_2を分離・回収することを想定しています。さらに、2040年の目標として、1,000円～数百円/t-CO_2の達成を掲げています。

このほかの課題として、CO_2排出源や用途に適した分離・回収法の選定、CO_2発生源と需要・供給先を連携させたカーボンリサイクルに適合するCO_2分離回収システムの構築、CO_2の輸送・貯蔵などがあげられます。

CO_2排出源の種類と分離・回収法*

主要な排出源	火力発電所		セメント工場	鉄鋼	石油精製・化学工業		天然ガス
	石炭火力	IGCC	セメント	鉄鋼	石油精製・化学工業		天然ガス
圧力/CO_2濃度	大気圧/10～15%	2.5～4.0MPa/40～50%	大気圧/15～30%	大気圧/20～30%	大気圧/5～20%	大気圧～4.0MPa/10～100%	7.0～10MPa/10～70%
発生プロセス	燃料燃焼後	燃料燃焼前	燃焼後	高炉ガス、熱風炉燃焼後	加熱炉燃焼後	水素製造（燃焼前）アンモニア製造時（燃焼前）	天然ガス精製時（燃焼前）
適合しうる分離回収法	化学吸収法 固体吸収法 物理吸着法	化学吸収法 物理吸収法 固体吸収法 物理吸着法 膜分離	化学吸収法 固体吸収法 物理吸着法	化学吸収法 固体吸収法 物理吸着法	化学吸収法 固体吸収法 物理吸着法	化学吸収法 物理吸収法 固体吸収法 物理吸着法 膜分離	化学吸収法 物理吸収法 固体吸収法 物理吸着法 膜分離

＊**円/t-CO_2**　二酸化炭素1トンを分離・回収するのに要するコスト。
＊**…と分離・回収法**　出典：新エネルギー・産業技術総合開発機構（NEDO）（https://www.nedo.go.jp/content/100932834.pdf）

6-4
DAC（直接大気回収）

DACは大気中からCO_2を回収する技術であり、人間が増加させてしまった大気中のCO_2濃度を減少させることに役立ちます。欧米のベンチャー企業がDACの商用化を見据えて研究開発を進める一方、国内でも商用化を目指して技術開発が進められています。

大気中からCO_2を回収

大気中のCO_2を回収する技術は、**DAC***（直接大気回収）と呼ばれます。私たち人間の産業活動によって増加させてしまった大気中のCO_2濃度を、直接的な手段で減少させることに役立つ技術として、DACに注目が集まっています。

6章3節で解説したCO_2の分離・回収技術などを用いて、排ガスより濃度の低い大気中のCO_2を回収します。大気中のCO_2の世界平均濃度は、2021年時点で416ppm（=0.0416%）であり、火力発電所や工場などの排ガスに比べてかなり低い濃度であるため、CO_2を回収するに当たってのエネルギー効率が低くなるという問題があります。エネルギー効率の低さは、高いエネルギーコストにつながります。たとえば、大気中の希薄なCO_2を取り出すには、DAC装置に大量の空気を送り込むためのエネルギーが必要になります。また、固体や液体にCO_2を吸着・吸収させる方法では、排ガスのCO_2分離・回収に比べ、強くCO_2と結合する材料が必要となり、材料からCO_2を離脱させて回収する際に多くのエネルギーが必要になります。

現状は、米国や欧州のベンチャー企業がDACの商用化を見据え、研究開発を加速させているものの、まだ要素技術を開発している段階です。DACの社会実装に向けては、CO_2の分離・回収に要するエネルギーの削減や低コスト化が不可欠であり、早くても2040年以降の商用化になるとみられています

＊**DAC**　Direct Air Captureの略。

川崎重工の技術開発の取り組み

川崎重工は、環境省の「二酸化炭素の資源化を通じた炭素循環社会モデル構築促進事業」に採択され、早稲田大学と共同で「低濃度二酸化炭素回収システムによる炭素循環モデル構築実証」を行いました。本事業の実証期間は2019年度～2021年度の3年間で、「炭素循環モデル構築実証」のキーデバイスとしてDAC技術の開発・実証に取り組みました。

本事業では、川崎重工明石工場内に、小型のCO_2分離・回収装置を設置して、実証試験を実施しました（図参照）。本実証試験により、大気中から1日当たり5kgのCO_2を回収できること、回収したCO_2の純度は99%以上であることを確認できています。

CO_2の分離・回収の方法として固体吸収法を採用しており、多孔質材料にアミンを担持した新規開発の固体吸収材を用いることで、従来技術と比べて省エネルギーでCO_2を分離・回収することができます。加えて、DACのシステムに再生可能エネルギー、太陽熱、未利用排熱などを利用することにより、CO_2の分離・回収で消費するエネルギーを脱炭素化・効率化することが期待できます。

今後、川崎重工は産業用途としてのDACの実用化へ向けて、技術開発に注力するとしています。そして2030年頃から、商用化開発のフェーズへ移行していく計画です。

DACの小型実証装置[＊]

写真提供：川崎重工業株式会社

＊…の小型実証装置　川崎重工 技術開発本部 技術研究所「空気からのCO_2分離回収（DAC）技術」（2022.1.21）p.6より。

6-5 人工光合成

カーボンリサイクル技術の一つに人工光合成があり、人工光合成を用いて化学品を製造することが期待されています。工場などから排出されるCO_2を有用な物質に変える技術として注目され、脱炭素化の切り札にもなりうると見られています。

人工光合成による化学品の製造

植物は、太陽の陽射しを受け、CO_2と水から養分（有機物）を作り出していて、この働きを「光合成」といいます。植物の葉には葉緑素があり、葉緑素で太陽の光を吸収し、光エネルギーを取り込みます。そして、葉の気孔から吸収したCO_2と根から吸い上げた水を原料にして、光エネルギーを用いてブドウ糖を作り、酸素を放出します。このように植物には、光合成によってCO_2を有機物に固定すると同時に、酸素を作るという働きがあるのです。

さて、人間の手によって、植物の光合成を模擬するのが**人工光合成**です。人工光合成では、CO_2と水を原料にして、その製造プロセスで太陽光を活用することにより、プラスチックの原料などの化学品を合成します。

図は、人工光合成を用いたオレフィン＊の製造プロセスを示しています。まず、水（H_2O）を光触媒で分解し、水素（H_2）と酸素（O_2）を作ります。光触媒は、光を当てると化学反応を促進する働きのある物質であり、太陽光に反応して水を分解することができます。次に、分離膜を用いて、水素と酸素の混合物から、水素だけを取り出します。さらに、取り出した水素と、発電所や工場から排出されたCO_2を分離・回収したものを合わせて、合成触媒を用いてオレフィンを作ります。このような人工光合成の技術は、世界的にみて日本企業のみが開発に取り組んでいる分野であり、商業化の際に日本が競争優位を得ることが見込まれます。

＊**オレフィン**　エチレン、プロピレン・ブテン等の高分子化合物を総称する「不飽和炭化水素」のこと。プラスチックやゴムの原料となり、さまざまな用途で使用されている。

社会実装へ向けて研究開発を推進

現在、経済産業省では、グリーンイノベーション基金を用いて、「CO_2等を用いたプラスチック原料製造技術開発」プロジェクトを推進しています（2021年10月に当該プロジェクトに関する研究開発・社会実装計画を策定）。この中で、人工光合成技術の社会実装に向け、基礎化学品であるオレフィンの製造技術の研究開発が重要なテーマとして取り上げられています。また、上記の研究開発・社会実装計画では、2030年までに人工光合成による化学原料の製造技術を確立し、2040年頃から導入が拡大していくことを目標に掲げています。

一方、オレフィンを人工光合成により製造する技術の導入拡大に向けては、光触媒、分離膜、合成触媒の性能向上や低コスト化が大きな課題として残されています。光触媒の変換効率（目標：10%以上）の向上などに取り組み、2020年代後半のできるだけ早い時期に量産に向けた実証フェーズに入っていく計画です。

人工光合成によるオレフィンの製造*

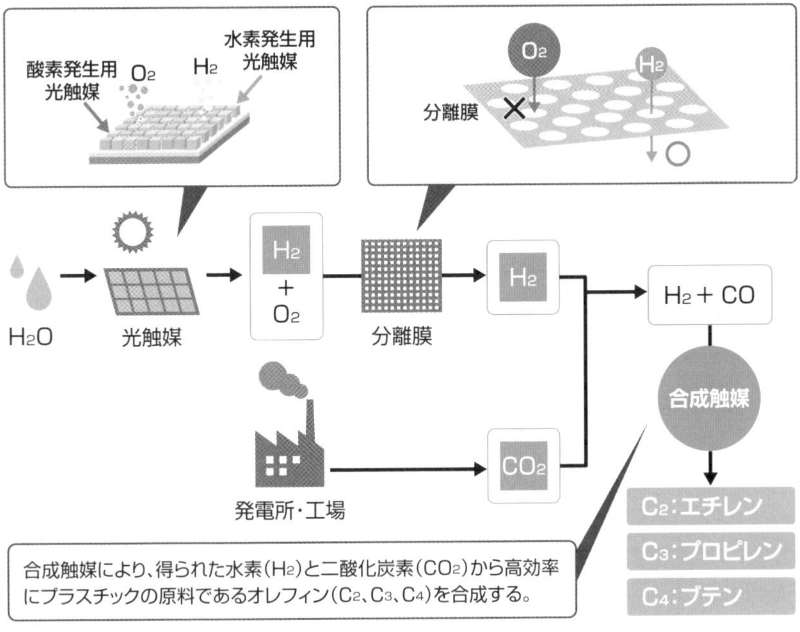

酸素発生用光触媒
水素発生用光触媒
O_2
H_2
分離膜
H_2O
光触媒
H_2 + O_2
分離膜
H_2
CO_2
発電所・工場
H_2 + CO
合成触媒
C_2:エチレン
C_3:プロピレン
C_4:ブテン

合成触媒により、得られた水素(H_2)と二酸化炭素(CO_2)から高効率にプラスチックの原料であるオレフィン(C_2、C_3、C_4)を合成する。

*…オレフィンの製造　資源エネルギー庁のホームページ（https://www.enecho.meti.go.jp/about/special/johoteikyo/jinkoukougousei.html）より。

6-6 メタネーション

カーボンリサイクル技術の一つにメタネーションがあります。メタネーションで作られた合成メタンは、都市ガスや化学品原料などの用途が想定されますが、特に都市ガスの脱炭素化に役立つことが期待されています。

メタネーションで都市ガスを脱炭素化

メタネーションとは、二酸化炭素（CO_2）と水素（H_2）から天然ガスの主成分であるメタン（CH_4）を合成する技術をいいます。火力発電所や工場から排出されるガスの中から分離・回収したCO_2と、水の電気分解などで生成した水素を、触媒を充填した反応容器内で反応させてメタンを合成します。

現在の都市ガスの原料は天然ガスなのですが、この天然ガスを合成メタンに置き換えることで、都市ガスの脱炭素化を実現することができます。これは、合成メタンを燃料として利用する際に排出されるCO_2は、合成メタンを作るために分離・回収したCO_2とオフセット（相殺）されるため、大気中のCO_2の量が増加しないからです（図参照）。

一方、現在使用しているエネルギーや燃料を別のものに置き換える場合、既存のインフラや設備を引き続き使用できないと、置き換えの大きな障壁になります。都市ガスにおいては、原料を天然ガスから合成メタンに置き換えても、都市ガスの導管や設備は引き続き使用することができます。したがって、メタネーションによる合成メタンには、都市ガス供給インフラの面で大きな障壁が無く、社会実装しやすいという利点があります。

なお、太陽光発電や風力発電などの再生可能エネルギーによる電力を使用して水電解によりCO_2フリー水素を製造し、その水素を合成メタンの原料にすれば、トータルでのCO_2の排出削減に大きく寄与することができます。

長期目標の設定は？

「2050年カーボンニュートラルに伴うグリーン成長戦略」では、メタネーションを次世代熱エネルギー産業に位置づけており、合成メタンの導入量や供給コストの目標を設定しています。

2030年時点の目標として、合成メタンを既存インフラへ1%注入（年間28万トンに相当）することを掲げています。また、2050年時点の目標として、合成メタンを既存インフラへ90%注入（年間2,500万トンに相当）することを掲げています。2050年には、90%を合成メタンに置き換え、残りの10%については水素直接利用やバイオガスなどを活用することで、都市ガスのカーボンニュートラル化を目指します。なお、国内の都市ガスをすべてメタネーションによる合成メタンに置き換えることができたと仮定すれば、国内のCO_2排出量を約1割削減できると試算されています。

合成メタンの価格目標については、2050年までに、現在のLNG価格（40～50円/Nm³*）と同水準とすることを掲げています。

メタネーションによるCO_2の排出削減*

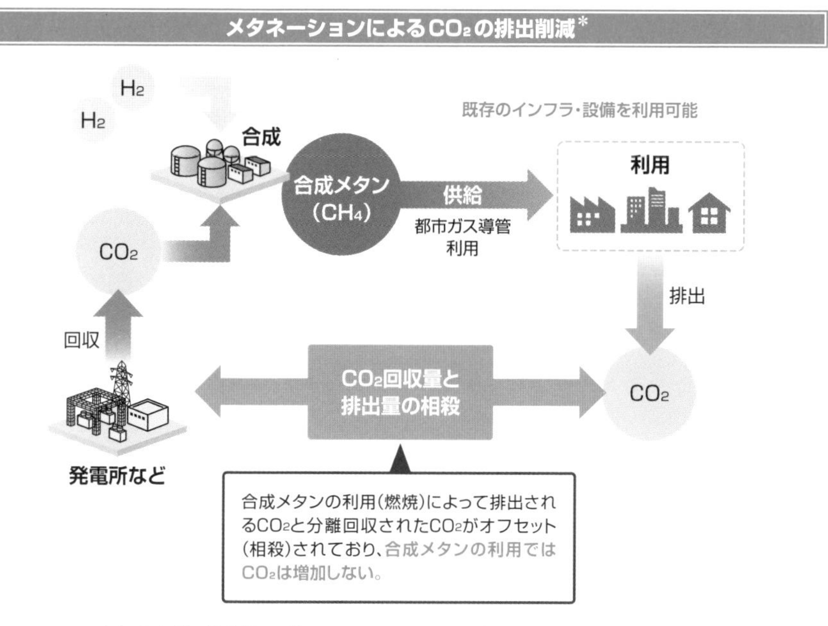

出典：日本ガス協会「カーボンニュートラルチャレンジ2050アクションプラン」を一部修正

＊**Nm³**　標準状態（0℃、1気圧）に換算した1m³のガス量を表す単位。
＊**…の排出削減**　資源エネルギー庁のホームページ（https://www.enecho.meti.go.jp/about/special/johoteikyo/methanation.html）より。

6-7 鉱物化

カーボンリサイクル技術の一つに鉱物化があります。工場から排出されるCO_2を利用して、セメントやコンクリートを製造する鉱物化の技術開発が進められています。

鉱物化とは？

カーボンリサイクルにおける**鉱物化**とは、工場から排出されたCO_2を分離・回収し、セメントやコンクリートの原料として利用することをいいます。CO_2の排出削減の観点から鉱物化の技術を言い換えれば、大気中にCO_2を排出させることなく、コンクリート製品の中にCO_2を固定化する技術と言うことができます。

たとえば、セメントの製造では、その焼成プロセスにおいて大量のCO_2を排出しているため、排出削減の対策を行う必要があります。その対策の切り札となるのが、セメントの中にCO_2を固定化する鉱物化の技術なのです。なお、セメントはコンクリートの原料であり、コンクリートはセメント、水、砂や砂利等の骨材、混和材を練り混ぜて作られます。そしてセメントは、エーライト、ビーライト、アルミネート相、フェライト相と呼ばれる4つの鉱物から構成されています。

コンクリートでは一部実用化も！

コンクリート製品の分野で、既に実用化されているのが**CO_2吸収型コンクリート**です。CO_2吸収型コンクリートは、セメントの半分以上を特殊な混和材や産業副産物などに置き換えることで、セメントを製造する際に排出されるCO_2を大幅に削減することができます。加えて、特殊な混和材には、CO_2と反応して吸収し、硬化する性質があります。この混和材の入ったコンクリートを、高濃度のCO_2と接触（炭酸化養生）させることにより、コンクリートへ大量のCO_2を固定できるのです。

CO_2吸収型コンクリートは、歩車道境界ブロック、護岸ブロック、太陽光パネル基礎ブロックなどに使用されています。ただし、現状では既存のコンクリート製品の約3倍と高価格であるため、限定的な使用にとどまっています。今後の普及拡大に向けては、製造コストの低減やCO_2吸収量の増大が大きな課題となっています。

カーボンリサイクルセメント

セメントの製造では、原料の石灰石（$CaCO_3$）を燃焼させる際の脱炭酸反応によって、大量のCO_2が排出されます。そこで排出されたCO_2を回収し、廃コンクリートなどの廃材から抽出した酸化カルシウム（CaO）に、そのCO_2を固定して炭酸塩（$CaCO_3$）にする研究開発が進められています（図参照）。つまり、焼成工程で発生したCO_2を回収し、セメントの原料となる石灰石の代替品を人工的に作ることで、CO_2が製造プロセス内を循環する仕組みを構築するのです。こうして作られたセメントは、「カーボンリサイクルセメント」と呼ばれます。

「2050年カーボンニュートラルに伴うグリーン成長戦略」では、2030年までに、大規模な設備を用いたCO_2回収と炭酸塩化技術の実証を終える、という目標を設定しています。

カーボンリサイクルセメントの製造＊

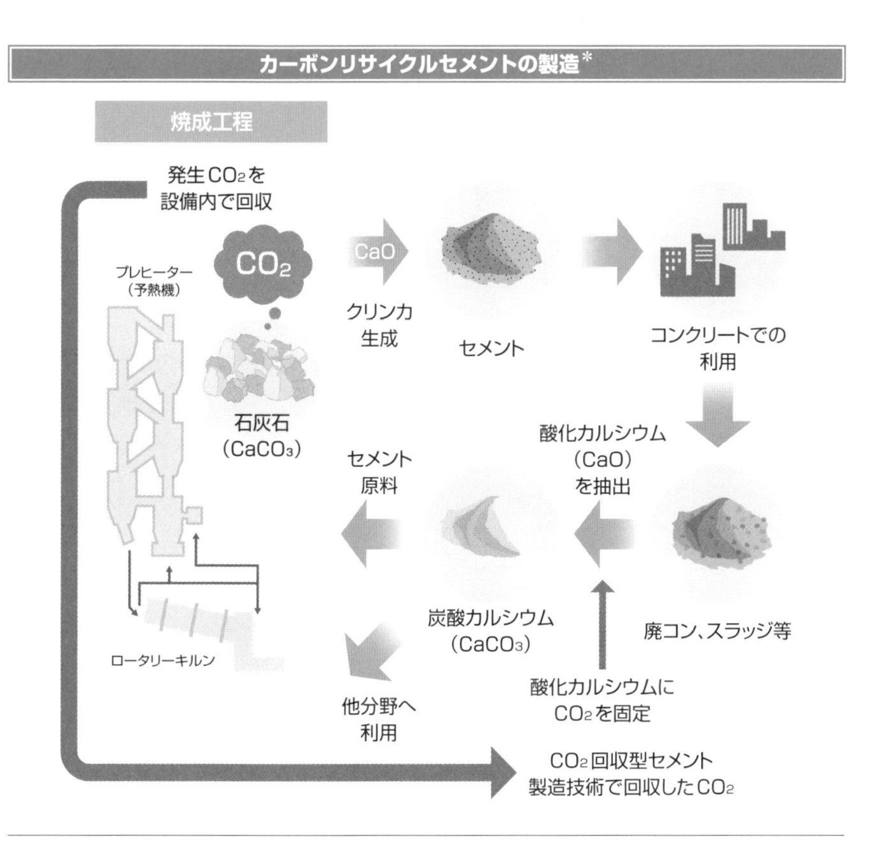

＊…セメントの製造　資源エネルギー庁のホームページ（https://www.enecho.meti.go.jp/about/special/johoteikyo/concrete_cement.html）より。

6-8 CCS（CO_2回収貯留）

CCSは、排出源から回収したCO_2を地下深くの地層へ閉じ込めることで、大気中へのCO_2の放出を無くすことができます。現状、工場などから大量のCO_2が排出されており、CCSは排出削減の切り札として期待されています。

CCSの仕組みと動向

CO_2を回収して地下へ貯留*する技術は、**CCS***（CO_2回収貯留）と呼ばれます。CCSでは、火力発電所や工場などで発生する排ガスの中からCO_2を分離・回収し、地底や海洋底の地層の中にCO_2を貯留します。

図は、CCSの仕組みを示しています。製油所、発電所、化学プラント等から排出されるガスに含まれるCO_2を分離･回収し、回収したCO_2を圧入施設へ送ります。圧入施設でCO_2を地下深くに圧入して、地下800m～3,000m程度にある隙間の多い砂岩等からできている「貯留層」に貯留します。貯留層の上部は、CO_2を通さない泥岩等からできている「遮へい層」で覆われている必要があり、遮へい層がふたの役目をして、貯留されたCO_2が地表へ漏れ出すのを防ぐ仕組みです。

2023年現在、欧米を中心に世界中で196件の大規模CCSプロジェクトが実施されており、うち30件は既に稼働しています。一方、日本国内では大規模CCSプロジェクトは実施されておらず、海外に比べて大きく出遅れてしまっています。ただ、北海道苫小牧市において、CCSの実証試験と、その確認作業が進められています。2012年度から2015年度にかけて実証設備を建設し、2016年度からはCO_2の圧入作業を開始しています。そして、2019年11月に、CO_2の累計圧入量が目標の30万トンに達しています。現在は、モニタリングを実施中であり、圧入したCO_2の地下での状態や、周辺の海中や海底の状況などを監視し、地層や海洋にCO_2を圧入した影響がないことの確認を進めています。

---

*貯留　（水などを）ためること。
*CCS　Carbon Dioxide Capture and Storageの略。

CCS長期ロードマップ

経済産業省では、CCS長期ロードマップ検討会を開催し、2023年3月に、その議論の結果を取り纏めて公表しています。CCS長期ロードマップの目標として、①2030年までに、CCS事業の開始に向けて事業環境を整備し、2030年以降にCCS事業を本格的に展開していくこと、②2050年時点のCCS導入の目安として、年間約1.2億トン～2.4億トンのCO_2貯留を可能とすること、を掲げています。

目標の実現に向け、まずは2030年に向けた事業環境の整備として、①CCS事業への政府支援、②CCSコストの低減、③CCS事業に対する国民理解の増進、④海外CCS事業の推進、⑤CCS事業法（仮称）の整備、⑥CCS行動計画の策定・見直しに取り組む方針です。

たとえば、CCS事業への政府支援では、2023年度からCCSを目的とした地質構造調査を実施し、加えて、CCSの適地調査を進めていく計画です。そして、その調査データを民間事業者へ貸し出すことで、事業化を支援します。

CO_2回収貯留の仕組み*

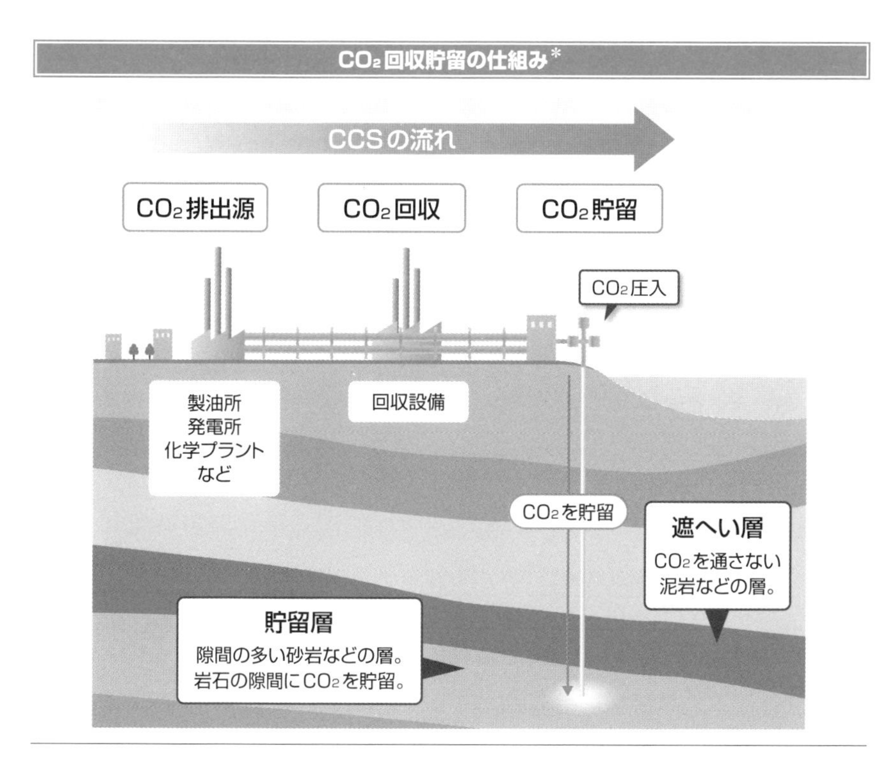

＊…の仕組み　資源エネルギー庁のホームページ（https://www.enecho.meti.go.jp/about/special/johoteikyo/ccus.html）より。

6-9 実証事業① 人工光合成

人工光合成は、化学工業の脱炭素化を実現する技術として注目を集めています。人工光合成の社会実装に向け、NEDOが旗振り役となって人工光合成の技術開発を推進しており、たくさんの企業や大学が協力して開発を進めています。

NEDOとARPChemが開発を先導

新エネルギー・産業技術総合開発機構（NEDO）は、プラスチック原料の製造に関するカーボンリサイクル技術の開発を推進しています。2022年2月に、NEDOはグリーンイノベーション基金事業の一環として、「CO_2等を用いたプラスチック原料製造技術開発」プロジェクト(予算総額1,234億円)に着手することを公表しています。このうちの開発テーマの一つが「アルコール類からの化学品製造技術」です。

NEDOが公募した「アルコール類からの化学品製造技術」に採択されたのが、三菱ケミカル、三菱瓦斯化学、人工光合成化学プロセス技術研究組合（ARPChem）の3者が提案した「人工光合成型化学原料製造事業化開発」です。

なお、ARPChemは、実用化へ向け人工光合成型の化学プロセスを確立することを目的として、2012年10月に設立されました。ARPChemには、10の企業（INPEX、JX金属、大日本印刷、デクセリアルズ、東レ、トヨタ自動車、日本製鉄、フルヤ金属、三井化学、三菱ケミカル）と8の大学・研究機関（京都大学、産業技術総合研究所、信州大学、東京大学、東京理科大学、東北大学、名古屋大学、山口大学）が参画しており、それぞれが要素技術開発の知見を持ち寄って、テーマごとに共同研究を進めています。

人工光合成のキーテクノロジーとなるのが触媒技術であり、そのうちの一つが光触媒による水素の製造です。2021年8月に、NEDOとARPChemは、人工光合成によってソーラー水素を製造する実証試験に成功したことを公表しています。NEDOとARPChemは東京大学、富士フイルム、TOTO、三菱ケミカル、信州大学、明治大学とともに、100㎡規模の太陽光受光型光触媒水分解パネル反応器（図参照）と水素・酸素ガス分離モジュールを連結した光触媒パネル反応システムを開発し、世界で初めて高純度のソーラー水素を安全で安定的に分離・回収することに成功しています。

実証事業により技術の確立を目指す！

前述の「人工光合成型化学原料製造事業化開発」では、「①グリーン水素（人工光合成）等からの化学原料製造技術の開発・実証」、「②CO_2からの基礎化学品製造技術の開発・実証」の2つのサブテーマを実施しています。

①については、高活性な水分解光触媒及び光触媒シートの開発、水素／酸素分離モジュールを組み込んだ水素回収システムの開発、ヘクタール級屋外試験設備での目標水素コストの実現可能性検証などに取り組み、グリーン水素の製造コストを商用レベルまで引き下げることを目指しています。

②については、メタノール膜型反応分離プロセスの開発や、革新的MTO*触媒プロセスの開発に取り組み、オレフィンの製造技術を確立することを目指しています。

光触媒パネル反応器の外観*

＊**MTO**　Methanol To Olefinsの略。

＊**…の外観**　出典：新エネルギー・産業技術総合開発機構（NEDO）2021年8月26日 ニュースリリース 世界初、人工光合成により100m2規模でソーラー水素を製造する実証試験に成功

6-10 実証事業② メタネーション

メタネーションの社会実装に向け、多くの企業によって技術開発、およびサプライチェーン構築のためのFSが進められています。メタネーションは、脱炭素社会を実現するための重要な手段の一つとして期待されています。

活発化するメタネーションへの取り組み

INPEX、日立造船、IHI、デンソー、アイシン、東京ガス、大阪ガスなど、多くの企業がCO_2と水素からメタンを合成するメタネーションの技術開発に取り組んでいます。

たとえば、東京ガスは横浜市と連携し、2022年3月から横浜市鶴見区の東京ガス横浜テクノステーションにおいて、メタネーションの実証試験に取り組んでいます。東京ガス横浜テクノステーションでは、横浜市の下水処理場から再生水や消化ガス（バイオガス）、およびごみ焼却場からCO_2を多く含む排ガスの提供を受けています。そして、提供された再生水を用いて水電解装置で水素を生成し、その水素と消化ガスと排ガスを用いてメタネーション装置（製造能力12.5Nm^3/h）でメタンを合成します。この実証試験により、環境面やコスト面などの有効性について検証を行い、将来的には水素と合成メタンの地産地消、さらにはCO_2循環モデルの構築を目指しています。

また、メタネーションで製造した合成メタンの安定供給に向け、サプライチェーン構築のFS*が進められています。国内サプライチェーンの構築では、太平洋セメントと東京ガス、富士フイルムと東京ガスと南足柄市、関西電力がFSに着手しています。一方、海外サプライチェーンの構築では、東京ガスと住友商事がマレーシアで製造した合成メタンの導入、東京ガスと三菱商事が北米やオーストラリア等で製造した合成メタンの導入、INPEXと大阪ガスがオーストラリア等で製造した合成メタンの大規模な導入などについて、FSを進めています。

＊**FS**　Feasibility Studyの略。実現可能性調査のこと。

国内最大規模のメタネーション実証

日立造船は、環境省の「二酸化炭素の資源化を通じた炭素循環社会モデル構築促進事業」に採択され、エックス都市研究所と共同で「清掃工場から回収した二酸化炭素の資源化による炭素循環モデルの構築実証」に取り組んでいます。本事業は、実証期間が2018年～2023年、実施場所が神奈川県小田原市の環境事業センターになります。なお、小田原市環境事業センターは、市内で排出されるごみの収集と処理を担っており、清掃工場としてごみの焼却などを行っています。

日立造船は、環境事業センター内に国内最大となるメタネーション設備（製造能力125Nm³/h）を設置し、2022年5月から実証試験を開始しました（図参照）。ごみを焼却する際に発生した排ガスからCO_2を分離・回収し、そのCO_2とLPガスを改質して製造した水素を用いて、メタネーション設備によりメタンを合成します。ただし、本事業ではLPガスを改質した水素を用いていますが、将来的には再生可能エネルギー由来の水素などを利用する予定です。

また、製造した合成メタンが、燃焼や発電に利用できることを確認しました。本事業は、地域社会を支えるインフラの一つである清掃工場から排出されるCO_2を利用するメタネーションとして、世界初となる試みであり、新しい環境ビジネスモデルの構築につながることが期待されています。

メタネーションの実証設備*

写真提供：日立造船株式会社

＊…の実証設備　日立造船のニュースリリース「国内最大となるメタネーション設備の実証運転開始」（2022年6月）より。

6-11 実証事業③ 鉱物化

カーボンリサイクル技術の社会実装に向け、NEDOが主導する実証事業が実施されています。ここでは、セメント産業におけるカーボンリサイクル技術を実用化するための実証事業について解説します。

NEDOの実証事業

セメント産業では、その製造プロセスを通して大量のCO_2を排出しています。脱炭素社会の実現に向け、セメント産業におけるCO_2排出の削減は見過ごせないテーマの一つとなっています。

そこで、新エネルギー・産業技術総合開発機構（NEDO）は、セメント産業から排出されるCO_2を利用したカーボンリサイクル技術の開発を推進しています。具体的には、「炭素循環型セメント製造プロセス技術開発」事業により、セメント工場から排出されるCO_2をセメントの原料や建設資材として再利用するための技術開発、および実証試験の取り組みを後押ししています。

本事業の予算は16億5千万円、事業期間は2020年度～2021年度であり、助成先として太平洋セメントを採択しました。図は、本事業が目指す炭素循環型セメント製造プロセスの全体像を示しています。セメント工場の製造プロセスから排出されるCO_2を分離・回収する一方、老朽化した社会インフラを更新する際に出てくる廃コンクリート等を使用して、回収したCO_2の有効利用を図ります。建設に必要な資源のリサイクルとCO_2排出量の削減を同時に行う、循環型社会の形成を目指しています。

セメント製造におけるカーボンリサイクル

「炭素循環型セメント製造プロセス技術開発」事業の内容について、もう少し詳しくみていきましょう。

セメントの製造においてカーボンリサイクルを実現させるに当たっては、まず、排出ガスの中からCO_2だけを分離・回収する技術の確立が必要になります。セメントの焼成工程では、キルンと呼ばれる回転窯から大量のCO_2が排出されます。このセメントキルン排ガスからCO_2を分離・回収する技術を確立するため、太平洋セメントは熊谷工場内に分離・回収実証設備を設置し、1日当たり10トンのCO_2を分離・回収する実証試験を実施しています。

次に、回収したCO_2を資源として有効利用する技術の確立が必要になります。図の資源循環のプロセスの中で、廃コンクリート、生コンクリートスラッジ、生コンクリート、およびコンクリート製品へCO_2を固定化する（＝原料として利用する）ための技術を確立するため、熊谷工場内に実証設備を設置し、実証試験を実施しています。

なお、本事業の実施に当たっては、太平洋セメントに加え、東京大学や早稲田大学も参画していて、カーボンリサイクルに必要な要素技術の共同研究に取り組んでいます。本事業では、最適なCO_2分離・回収システム、およびCO_2を原料とする製造プロセス技術を確立し、2030年度までに実用化して国内のセメント工場へ導入することを目指しています。

炭素循環型セメント製造プロセス*

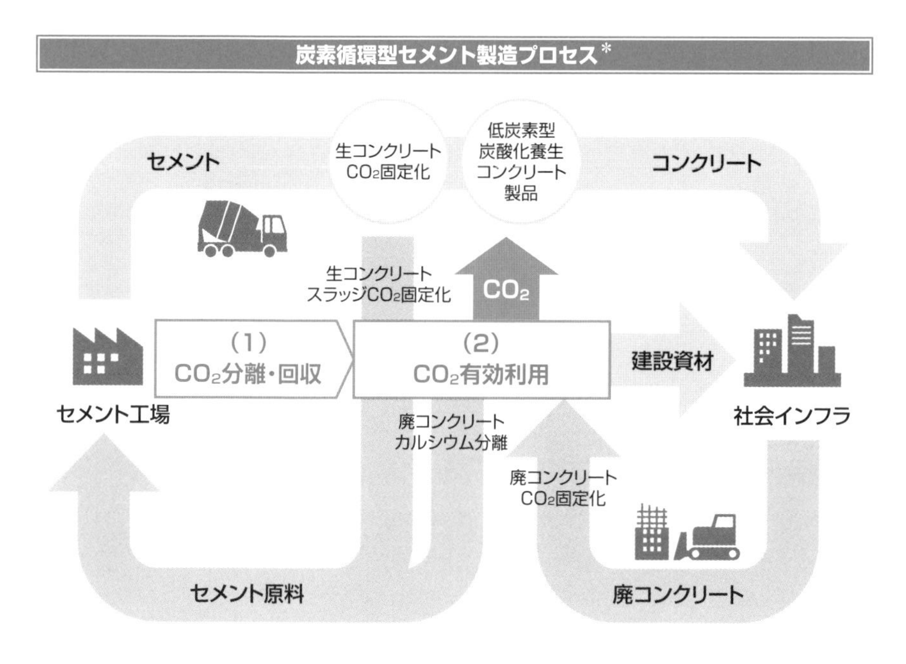

＊…**製造プロセス**　出典：新エネルギー・産業技術総合開発機構（NEDO）（https://www.nedo.go.jp/news/press/AA5_101319.html）

注目が集まるネガティブエミッション技術

ネガティブエミッションを英語で書くと「negative emissions」であり、直訳すると「負の排出」になります。ネガティブエミッションというワードは、大気中に排出された二酸化炭素（CO_2）を回収し、除去するという意味で用いられます。本書の6章ではCO_2を回収・利用する方法を、7章では植物によるCO_2の吸収・固定の方法を解説していますが、ここでは「ネガティブエミッション」をキーワードにして、特に注目が集まっている技術を整理しておきましょう。

ネガティブエミッション技術として、DACCS（Direct Air Capture with Carbon Storage）、BECCS（Bio-Energy with Carbon Dioxide Capture and Storage）、風化促進、海洋アルカリ化、海洋肥沃化·生育促進、植物残さ海洋隔離、植林・再生林、土壌炭素貯留、バイオ炭などがあげられます。

DACCSとは、大気中からCO_2を直接回収し、地下へ貯留する技術をいいます。6章4節で解説したDAC（直接大気回収）と同8節で解説したCCS（CO_2回収貯留）を組み合わせた技術になります。また、BECCSとは、バイオマスを燃焼させて発電や熱利用する際に発生したCO_2を回収し、地下へ貯留する技術をいいます。BECCSでは、DACCSと同様に、CCSを用いてCO_2を地下へ貯留します。

風化促進は、玄武岩などの鉱石を粉砕し、耕作地・森林・海岸などへ散布して、風化を人為的に促進する技術です。なお、自然界では、千年〜万年の時間スケールで天然の鉱石がCO_2と結合して炭酸塩になります。このような現象は、化学的な風化と呼ばれます。風化促進では、風化における炭酸塩化を1年〜数年単位に加速させ、大気中のCO_2の炭酸塩鉱物・炭酸イオンとしての固定を人為的に促進します。つまり、玄武岩などの鉱石を粉砕・散布することによって風化を加速させ、その風化の過程（炭酸塩化）で、大気中のCO_2を吸収・固定化するのです。

このほか、海洋アルカリ化、海洋肥沃化・生育促進、植物残さ海洋隔離は、いずれも海洋を利用してCO_2を固定する技術になります。また、植林・再生林、土壌炭素貯留、バイオ炭は、いずれもバイオマスを利用してCO_2を固定する技術になります。

第7章

植物によるCO_2の吸収・固定の方法は？

地球の大自然のダイナミックな営みを上手に利用できれば、大気中の CO_2 濃度を効果的かつ効率的に下げることができます。

海洋や陸上では、植物が光合成を行うことにより、大気中の CO_2 を吸収し、植物の中に炭素を固定しています。また、植物が枯れた後、植物が取り込んだ炭素の一部は、堆積物として地中に固定されます。

このような植物の持つ CO_2 を吸収し炭素を固定する機能を最大限利用して地球温暖化を防ぐ、といった取り組みに期待が高まっています。

7-1 ブルーカーボン① 海洋生態系によるCO₂の吸収

ブルーカーボンとは、海草・海藻や植物性プランクトン等の海の生物の作用によって、海洋生態系に取り込まれる炭素のことをいいます。ブルーカーボンは、自然の力を借りて大気中のCO_2を減らす手段として、注目が集まっています。

ブルーカーボンとは？

2009年10月に国連環境計画（UNEP*）が公表した報告書では、藻場や浅場などの海洋生態系によって取り込まれる炭素を**ブルーカーボン**と名付けています。ブルーカーボンにはCO_2の吸収源としての意味合いがあり、地球温暖化対策の有効な手段の一つとなります。なお、藻場はアマモやコンブ等の海藻が茂る場所、浅場は海・湖の岸や川の瀬等の水深の浅い場所を指します。

海洋生態系の具体例としては、海草藻場、海藻藻場、湿地や干潟、マングローブ林があげられます。このような海洋生態系は「ブルーカーボン生態系」と呼ばれ、炭素を吸収し固定する機能があるのです。

ブルーカーボン生態系がCO_2を吸収・固定するメカニズムは、次の通りです。海藻や植物プランクトン等が光合成を行ってCO_2を吸収し、有機物を作ります。やがて枯れた海藻などは海底に堆積するとともに、底泥へ埋没し続けることにより、炭素が蓄積されていきます。このようにして、藻場の海底は大きな炭素貯留庫となっていくのです。なお、近年の研究により、光合成による水中の炭素の減少に応じて、大気中のCO_2が海水に吸収されることが明らかになっています。

ブルーカーボン生態系のCO₂吸収機能

図は炭素循環のイメージであり、図中の数字は世界において1年間に排出および吸収される炭素重量（億t-C*/年）の参考値を示しています。排出されたCO_2のうち、陸域で24%程度が吸収され、海洋では陸域よりも多い28%程度が吸収されます。排出から陸域と海洋での吸収を差し引いた48%程度のCO_2が大気中に残り、地球

---

* **UNEP**　United Nations Environment Programmeの略。
* **t-C**　炭素1トンを意味する単位。温室効果ガスの移動量等を、相当する二酸化炭素中の炭素重量に換算した単位。

温暖化の要因となります。

　私たちはCO_2の吸収源を考える時、まず陸域の森林を思い浮かべるのですが、実は海洋の方がより多くのCO_2を吸収しています。そして、海洋の沿岸浅海域でCO_2排出の12%程度が吸収されていて、そのうちの一部は植物由来の炭素として海底の堆積物の中に貯留されます。たとえば、瀬戸内海の海底の調査によって、3千年前の地層からアマモ由来の炭素が発見されていて、藻場が数千年単位で炭素を貯留していることがわかっています。なお、世界の沿岸浅海域の広さは、海全体の面積の0.2%程度に過ぎず、その沿岸浅海域においてCO_2排出の12%程度を吸収できているということは、温暖化対策において着目すべきポイントといえます。

　海洋の沿岸沖合域や外洋域におけるCO_2吸収の機能を、人為的にコントロールすることはできないのですが、沿岸浅海域のブルーカーボン生態系については、そのCO_2吸収機能が高まるよう、働きかけることができます。すなわち、私たち人間の努力によって、ブルーカーボンの機能を強化して、CO_2を吸収・固定できる量を増やし、大気中のCO_2を減らしていくことが可能なのです。

炭素循環のイメージ*

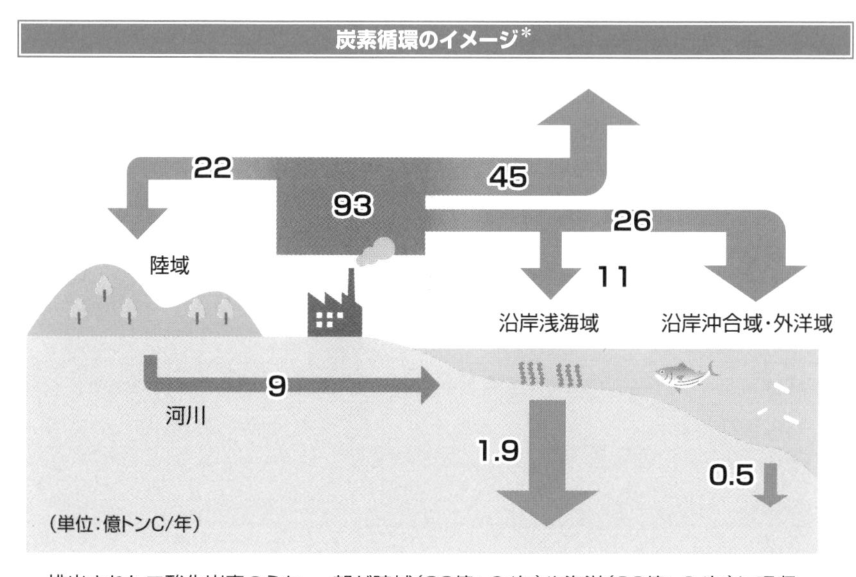

排出された二酸化炭素のうち、一部が陸域(22億t-C/年)や海洋(26億t-C/年)に吸収

＊…**のイメージ**　堀正和・桑江朝比呂 編著『ブルーカーボン―浅海におけるCO_2隔離・貯留とその活用』地人書館（2017年）から、口絵-2を一部改変して転載。

7-2 ブルーカーボン② アクションプラン、取り組み事例

革新的環境イノベーション戦略では、海洋生態系による炭素貯留の機能を高めるためのアクションプランを示しています。ただ、現状では漁業の振興を主な目的とした藻場の再生が進められている段階であり、脱炭素へ向けて活動を進化させる必要があります。

ブルーカーボンのアクションプランは？

2018年7月に政府が設置した統合イノベーション戦略推進会議は、2020年1月に「革新的環境イノベーション戦略」を策定しています。革新的環境イノベーション戦略では、アクションプランの一つとして、「ブルーカーボン（海洋生態系による炭素貯留）の追求」をあげています。

このブルーカーボンの追求では、目標として、2050年までに、海洋（藻場や干潟等）に大気中のCO_2の炭素を有機物として隔離・貯留する技術を確立し、産業として持続可能なコストでの実用化を目指すことを掲げています。

また、技術開発への取り組みとして、①バイオ技術の活用等により、効率良く海中のCO_2を吸収する海藻類等の探索と高度な増養殖技術の開発を進める、②海藻類等を新素材・資材として活用するための技術開発を民間主導でナショナルプロジェクトの下に行う、③藻場・干潟等におけるCO_2吸収量推計手法の開発を行う、④藻場や干潟の造成・再生・保全技術の開発や実証を進める、をあげています。

実施体制については、①高度な増養殖技術や新素材の開発では、ベンチャー企業等も巻き込みながら、国外での大規模実証やビジネス展開も踏まえて、大学、メーカー、企業が共同した実施体制を構築する、②藻場・干潟の整備は、NPOや漁業協同組合等の取り組みと連携しながら、地方自治体や民間企業等で実施する、③CO_2吸収量の推計手法は、学識経験者や関係省庁等により検討する、④藻場や干潟の造成・再生・保全技術の開発・実証は、民間企業等が実施する、としています。

ブルーカーボンへの取り組み事例

日本は四方を海に囲まれており、もともと豊かなブルーカーボン生態系を持っていました。ただし、高度経済成長期以降は、沿岸浅海域の埋立、化学物質の流入、磯焼けなどにより、ブルーカーボン生態系の多くが消失しています。

ブルーカーボン生態系の一つである藻場は、魚の産卵や稚魚の成長を助ける場でもあり、藻場の消失は水産資源の減少を意味します。そこで、魚が育つ環境を取り戻すため、東京湾、瀬戸内海、博多湾など、日本各地でアマモなどの藻場の再生が、地元の自治体や漁業協同組合などを中心に進められています。

たとえば、岡山県備前市日生町では、漁獲不振の対策として、1985年から日生町漁協がアマモの藻場（アマモ場）を再生するため、アマモの種まきを始めています。活動の成果はなかなか上がりませんでしたが、開始から25年が経過した2010年頃からアマモ場は一気に拡がり始めました。2012年にNPO里海づくり研究会議が設立されるなど、地元のさまざまな人たちを巻き込みながら、活動は広がりをみせています。加えて、小·中·高校生の環境教育の場にもなっています。

このような藻場再生活動は、漁業の振興や地域の活性化に役立つだけでなく、ブルーカーボン生態系の再生にもつながるのです。

アマモ場の再生活動の様子*

補足：1985年から岡山県と日生町漁協が連携して取り組んだ種まき等のアマモ場再生事業は、現在では県内の他の6地区にも広がっている。写真提供：岡山県

＊…の様子　岡山県庁のホームページ（https://www.pref.okayama.jp/page/548619.html）より。

7-3 グリーンカーボン

グリーンカーボンとは、陸上の植物の光合成によって、森林などに取り込まれる炭素のことをいいます。グリーンカーボン生態系のCO_2吸収機能に着目し、損なわれた生態系の回復や維持、利用方法を確立することが、重要な課題の一つとなっています。

グリーンカーボンとは？

海洋のブルーカーボンに対し、陸上の植物の光合成によって、森林などに取り込まれる炭素のことを**グリーンカーボン**といいます。

前節で、人間の産業活動によってブルーカーボン生態系の多くが消失したと指摘しましたが、同様の開発によってグリーンカーボン生態系が減少していることも、国や地域によって濃淡はありますが指摘されています。日本では都市部に近い地域において開発にともなう森林伐採が見られるものの、国土全体の森林面積（約2,500万ha）は過去100年間で大きな変化が見られません。一方、世界に目を移すと、南米やアフリカや東南アジアなどで熱帯雨林と呼ばれる森林の破壊が急速に進んでいて、グリーンカーボンの機能低下が生じています。

グリーンカーボン生態系としては、森林や草原などがあげられます。森林や草原は、樹木や草の中、および土壌の中に炭素を取り込んで固定し、大気中のCO_2を減少させる機能を持っています。このようなグリーンカーボン生態系のCO_2吸収機能に着目し、損なわれた生態系の回復や維持、そしてCO_2吸収機能を高めながらの利用方法を確立することが、重要な課題となっています。

植林による炭素蓄積の増加

環境省の「2021年度の温室効果ガス排出·吸収量（確報値）について」によれば、日本における2021年度の温室効果ガス（CO_2換算）の総排出量は11億7,000万トン、吸収源対策による吸収量は4,760万トンでした。吸収量の内訳をみると、森林吸収源対策による吸収量4,260万トン、農地土壌炭素吸収源対策による吸収量350万トン、都市緑化等の推進による吸収量160万トンとなっています。森林吸収源対策が全体の9割程度を占めていて、森林はCO_2の吸収源として、大きな役割を担っていることがわかります。

図は、荒廃農地などの荒地に植林を行った場合の炭素蓄積量の変化を模式的に表しています。なお、横軸の時間は、数十年から数百年の長さに相当します。森林生態系では、地下の土壌有機物、および地上の植生バイオマスの中に炭素が蓄積されるのですが、図は「植林→伐採→再植林→伐採→再植林」のサイクルにおける炭素蓄積の変化を示しています。

荒地に植林すると、樹木は成長にともなってCO_2を吸収し、内部に炭素を固定・蓄積します。樹木の枯れ葉や枯れ枝の一部は、地表に堆積して順次分解され、炭素を含んだ土壌有機物として土壌に蓄積されていきます。そして、時間の経過とともに、植生バイオマスと土壌有機物の炭素蓄積量は増えていきます。一方、樹木の伐採によって、植生バイオマスは大きく減少します。土壌有機物も少し減少しますが、表層より下の土壌有機物はそのまま残り、蓄積した炭素は保持されます。

このように、荒地を放置せずに植林を行って森林を育てていくことは、脱炭素化へ向けて重要な手段になることがわかります。

植林による炭素蓄積量の変化*

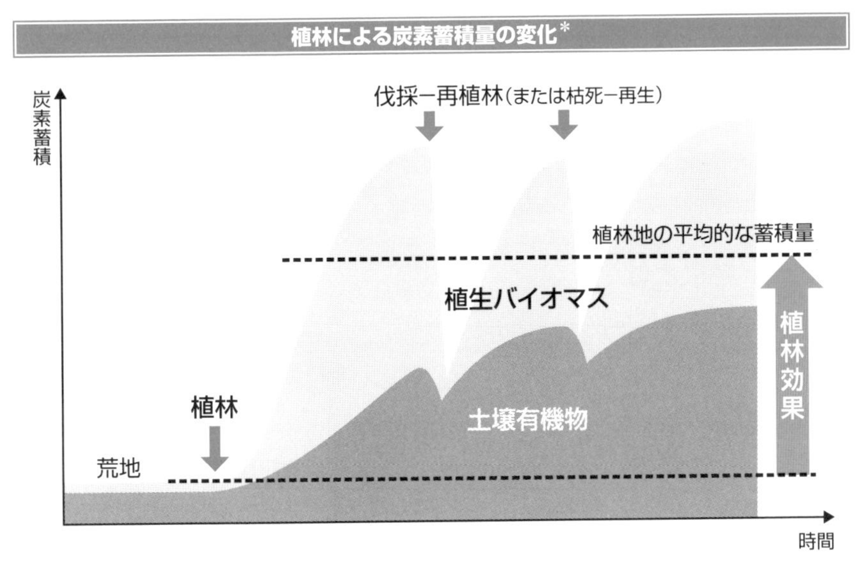

提供：国立環境研究所

＊…の変化　国立環境研究所 地球環境研究センターのホームページ（https://www.cger.nies.go.jp/ja/library/qa/3/3-2/qa_3-2-j.html）より（一部改変）。

7-4 早生樹・エリートツリー、スマート林業

革新的環境イノベーション戦略では、「スマート林業の推進、早生樹･エリートツリーの開発・普及」についてアクションプランを示しています。早生樹・エリートツリーの開発やスマート林業により、森林によるCO_2吸収量を増やすことが狙いです。

早生樹、およびエリートツリーとは？

早生樹とは、早く成長する樹種のことをいいます。一般的には、スギやヒノキと比べて、初期の樹高成長量や伐期*までの材積*成長量が大きな樹種を指します。標準的な伐期はスギが35～50年、ヒノキが45～60年であるのに対し、早生樹の伐期は10～25年程度であり、短くなります。早生樹の樹種としては、センダン、ユリノキ、チャンチンモドキ、コウヨウザンなどがあげられます。

また、**エリートツリー**とは、地域の人工造林地において、最も成長が優れた木として選抜された「精英樹」の中から､優良なもの同士を人工交配によりかけ合わせ、かけ合わせた中からさらに優れた個体を選んだものをいいます。

樹木は、高齢木よりも成長が盛んな若い木の方が、CO_2をより多く吸収することがわかっています。早生樹やエリートツリーを植林することで、森林によるCO_2の吸収量を増やすことができます。

スマート林業とは？

スマート林業とは、ICTやロボット・ドローンといった最新の技術を積極的に活用し、森林管理や林業の効率化・省力化を行い、需要に応じて木材を生産する林業のことをいいます。

現在のスマート林業の具体的な取り組みをみると、林野庁によって、①自治体や林業経営体が連携して森林を適切に管理するため、全国の森林情報をデジタル化して一元管理する森林クラウドの導入を促進する、②多大な人員と時間をかけずに広大な森林を調査可能とするため、レーザ光を照射して樹木の高さを測り、

* **伐期**　植林した樹木を伐採して収穫する時期のこと。
* **材積**　木材の体積のこと。

データを解析することで地形を詳細に把握できるレーザ計測を活用する、などが進められています。

アクションプランは？

「革新的環境イノベーション戦略」では、アクションプランの一つとして、「スマート林業の推進、早生樹・エリートツリーの開発・普及」をあげています。

このアクションプランでは、目標として、大気中のCO_2の炭素を有機物として隔離・貯留する森林機能を強化するため、2050年までに、成長に優れた苗木の普及に向けた技術開発を行うとともに、既存技術と同等コストを実現することを掲げています。また、技術開発への取り組みとして、①樹木選抜の効率化・高速化などの育種基盤技術の高度化によって、成長に優れた早生樹やエリートツリーの品種の効率的な開発を行う、②早生樹やエリートツリーを活用した造林技術の確立に向けた実証を行う、をあげています。実施体制については、公的研究機関を中心に、さまざまな研究機関、大学、企業等との共同体制を構築するとしています。

社会実装へ向けた工程表*

←　要素技術開発フェーズ　→←　実用化・実証開発フェーズ　→

- スギ等の成長・材質関連遺伝子の解析
- 早生樹の優良系統の探索・選抜

- 優良個体選抜の効率化・高速化
- ゲノム育種での品種開発
- 早生樹等の造林法確立

- 更に優れた特性を持つエリートツリー等の苗木生産
- スマート林業技術による造林の実証

- エリートツリー、早生樹の造林による吸収源の拡大

- スマート林業技術の開発

- スマート林業技術の実証

＊…**工程表**　統合イノベーション戦略推進会議「革新的環境イノベーション戦略」（2020年1月）p.57より。

7-5 高層建築物の木造化、バイオマス由来素材の利用

森林を伐採して収穫した木材は、燃料として燃やすとCO_2が排出されますが、木材製品として利用すれば木材内部に長期間炭素を貯蔵しておくことができます。木造建築物の普及拡大やバイオマス由来素材の製品の普及へ向けた取り組みが進められています。

アクションプランは？

「革新的環境イノベーション戦略」では、アクションプランの一つとして、「高層建築物等の木造化やバイオマス由来素材の利用による炭素貯留」をあげています。

このアクションプランでは、目標として、2050年までに、エネルギー多消費型の資材を木材やバイオマス由来の素材に転換する建築物の設計・施工技術や、バイオマス由来の新素材の低コスト製造技術などを開発し、バイオマス資源をフル活用した「炭素循環型社会」を構築することを掲げています。なお、エネルギー多消費型の資材とは、製造時にエネルギーの消費量が多い鉄やコンクリートなどの資材を指しています。

また、技術開発への取り組みとして、①都市部での木材需要の拡大に応える木質建築部材や、大型木造・混構造建築物の設計・施工技術の開発により、高層建築物等の木造化を実現する、②改質リグニン*、CNF*などの原料転換技術や低コスト化技術を用いて、バイオマス資源を多段階で繰り返し使用できるカスケードシステムの開発を行う、をあげています。実施体制については、公的研究機関を中心に、さまざまな研究機関、大学、企業等との共同体制を構築するとしています。

高層建築物の木造化

森林を伐採して収穫した木材は、燃料にして燃やすと木材内部に蓄積した炭素が酸素と化合してCO_2が排出されますが、木材製品として利用すれば木材内部に長期にわたり炭素を貯蔵しておくことができます。特に、大規模な高層建築物を

---

*リグニン　植物の細胞壁の構成成分の一つであり、芳香系モノマーが重合して形成される疎水性高分子化合物のこと。木部において、水分移動や植物体の物理的支持などの役割を果たす。

*CNF　Cellulose Nano Fiberの略。植物由来の次世代素材。木材から化学的・機械的処理により取り出したナノサイズの繊維状物質であり、軽さ、強度、耐膨張性などに優れている。

木造化すれば、そこに大量の木材が使用され、都市で炭素を長期的に大量貯蔵することにつながります。

既に欧州や北米などで高層の木造建築物を建設する動きが始まっており、日本でも建設計画が増えつつあります。たとえば、大林組は、2022年5月に、高さ44m（11階建て）の高層木造建築物を横浜に完成させています。この高層木造建築物は、自社の研修施設として横浜市に建設したものであり、柱･梁･床･壁といったすべての地上構造部材に木材を使用しています。木材の耐火性や高層化にともなう耐震性の面で課題がありましたが、耐火性を高めた構造材、および鉄骨造やRC造と変わらない強度・剛性を確保するための接合法などを独自開発することで、課題を解決しています。

現在の技術をベースに考えると、20階程度の木造建築物が限界といわれており、今後、さらなる高層化や大型の木造建築物にも対応できるようにするためには、高強度材料や構造部材の開発が必要になります。

社会実装へ向けた工程表*

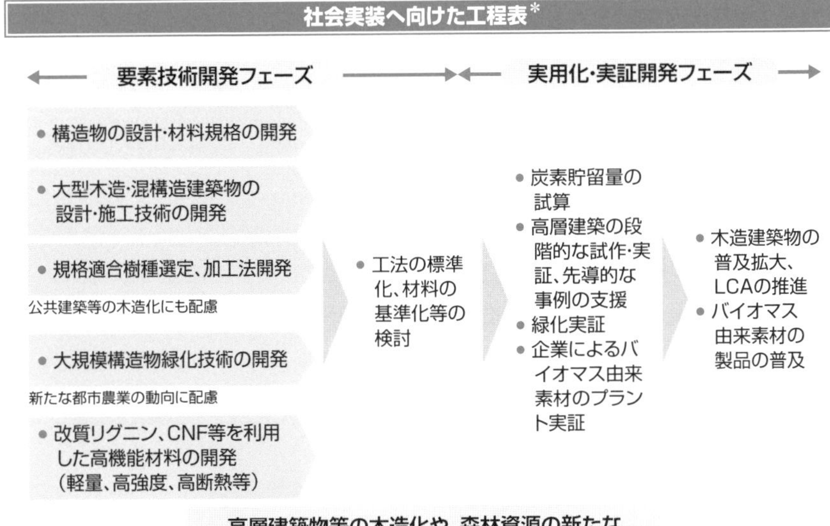

＊…工程表　統合イノベーション戦略推進会議「革新的環境イノベーション戦略」（2020年1月）p.56より。

7-6 バイオ炭活用による農地炭素貯留

バイオ炭を農地へ投入することで、土壌の透水性、保水性、通気性を改善すると同時に、農地に炭素を貯留することができます。バイオ炭を用いた製品の普及、および効果の可視化による農地炭素貯留量の拡大へ向けた取り組みが進められています。

アクションプランは？

「革新的環境イノベーション戦略」では、アクションプランの一つとして、「バイオ炭活用による農地炭素貯留の実現」をあげています。

このアクションプランでは、目標として、大気中のCO_2の炭素を有機物として農地に隔離・貯留するため、農地土壌への**バイオ炭**の投入技術を開発するとともに、CO_2固定量の算定手法を開発し、産業として持続可能なコストで実用化することを掲げています。

また、技術開発への取り組みとして、①農地をCO_2の吸収源にするため、新たな吸収源として算定可能なバイオ炭の投入や評価に関する研究開発を進める、②農地での炭素貯留を可視化するシステムの開発を進める、③技術開発の実施に当たっては、農地における実証を踏まえ、バイオ炭の普及まで含んだシステム全体を対象にコスト削減を行う、をあげています。

実施体制については、公的研究機関を中心に、さまざまな研究機関、大学、企業等との共同体制を構築するとしています。

バイオ炭の活用

バイオ炭を農地へ投入することで、土壌の透水性、保水性、通気性の改善などの効果が得られます。このように農地の土壌を改良すると同時に、農地に炭素を固定できるというのがバイオ炭を施用*する最大の利点になります。

バイオ炭とは、木炭や竹炭などの生物資源を材料とした炭化物をいいます。バイオ炭の原料として、木、竹、家畜ふん尿、草本、もみ殻・稲わら、木の実、製紙汚泥・下水汚泥があげられます。これらを原料として、燃焼しない水準に管理さ

＊**施用**　目的に当てはめて使用すること。

れた酸素濃度の下、350℃を超える温度で加熱して作った固形物がバイオ炭になります。

ここでバイオ炭が注目されるようになった背景を確認しておきましょう。2019年5月の第49回気候変動に関する政府間パネル（IPCC）総会において、「2019年改良IPCCガイドライン」が承認されました。本ガイドラインでは、農地・草地土壌へのバイオ炭投入にともなう炭素固定量の算定方法が追加されています。これを受けて日本では、2020年の温室効果ガスインベントリ*から、バイオ炭の農地施用にともなう炭素貯留量の算定・報告を開始しています。これによれば、2018年度のバイオ炭の炭素貯留効果による排出削減量は、約5,000トン-CO_2となっています。

千葉県四街道市や京都府亀岡市の農業の生産者グループは、大学等の技術支援を受け、未利用バイオマスから製造したバイオ炭を堆肥と混合する形で、農地炭素貯留に取り組んでいます。そこで生産された農産物は、認証を取得して「クルベジ（Cool Vege）」ブランドで販売されています。

社会実装へ向けた工程表*

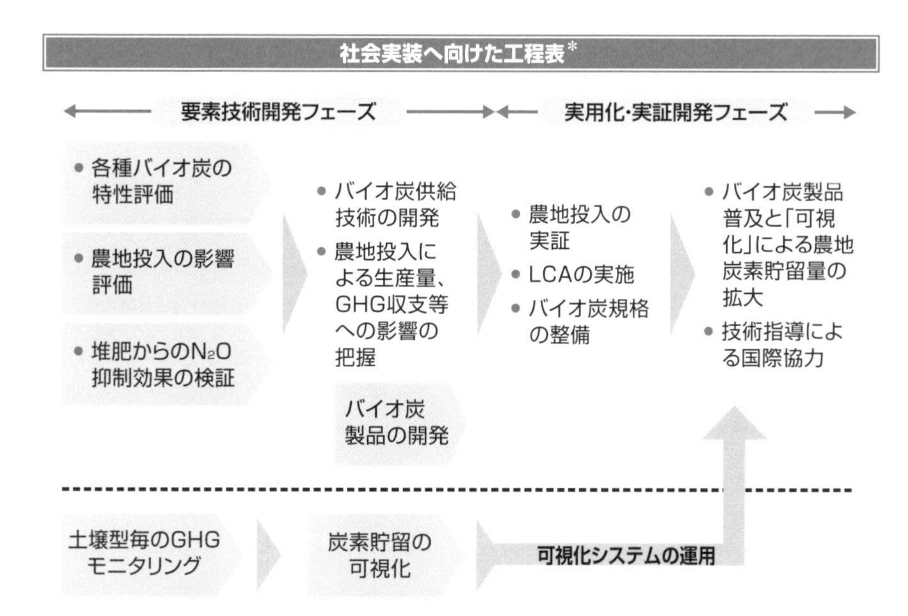

＊温室効果ガスインベントリ　一国が1年間に排出・吸収する温室効果ガスの量を取りまとめたデータのこと。
＊…工程表　統合イノベーション戦略推進会議「革新的環境イノベーション戦略」（2020年1月）p.55より。

海洋酸性化が及ぼす影響は？

私たち人間は産業活動などによって、CO_2を始めとした温室効果ガスを大量に大気中へ排出し続けることで、地球温暖化を引き起こしていて、それは現在も進行中です。大気中のCO_2濃度が増加すると、地球の温室効果が高まり、地球上の気温は上昇します。

一方、海洋では、大気中のCO_2濃度が増加したことで、海水に溶け込むCO_2の量が増加し、「海洋酸性化」が生じています。海洋酸性化とは、もともと海の水質はアルカリ性なのですが、CO_2の溶け込み量の増加によって、水質のアルカリ性が弱まり、酸性に近づいていく現象をいいます。

なお、水溶液の酸性やアルカリ性といった性質を数値で示す指標として、「pH」があります。pHの値が7の場合は中性で、7より大きいとアルカリ性、7より小さいと酸性になります。海面近くの海水はpHが約8.1であり、深くなるにしたがって海水のpHは下がり、水深1,000m付近で約7.4（北西太平洋亜熱帯域のデータ）と最も低くなります。

IPCC第6次評価報告書では、地球全体の海洋表面の平均pHは、今世紀末（2090年代）には19世紀終盤（1890年代の頃）に比べて、0.16～0.44低下すると予測しています。すなわち、海洋酸性化の進行を指摘しているのです。

さて、海洋酸性化によって、どのような問題が生じるのでしょうか。海洋酸性化の進行は、海洋生物に大きな影響を及ぼします。特に、炭酸カルシウムの殻や骨格を持つ生物（カキやホタテ等の貝類、円石藻や翼足類や有孔虫等のプランクトン、エビやカニ等の甲殻類、サンゴなど）の成長や繁殖を阻害することが懸念されています。たとえば、プランクトンの殻が溶けるといった現象が、既に観察され報告されています。食物連鎖の下位のプランクトンなどにとって成長・繁殖しにくい環境になると、食物連鎖の上位の魚などの生物にも悪い影響が及んでしまいます。この悪影響は、水産資源の量と質に左右される水産業、サンゴ礁などの海洋観光資源に依存する観光業などへも波及していくことが懸念されています。

したがって、海洋酸性化の進行を抑えるためにも、脱炭素社会を実現し、人為的なCO_2の排出を実質ゼロにする必要があるのです。

第8章

経済活動を脱炭素へ誘導

私たちは、経済活動を通して CO_2 を排出しています。電気を作ったり、動力を得たりするなど、さまざまな場面で化石燃料を燃やし、大量の CO_2 を排出しているのです。

現在の CO_2 排出がともなう経済活動を、CO_2 排出がともなわない脱炭素な経済活動へ移行させるのは簡単なことではありません。移行を着実に進めるには、長い時間軸の中で考えて取り組むことが不可欠あり、さまざまな方策を駆使して脱炭素へ誘導していく必要があります。

SDGs は世界各国が脱炭素へ向かう推進力になり、ESG 投資やカーボンプライシングは企業活動を脱炭素へ向かわせるインセンティブとして作用します。

8-1 SDGsと脱炭素

SDGsは、先進国だけでなく、途上国も含めた世界中の国々で共有される開発目標であり、SDGsに取り組むことは世界的な潮流になっています。17のゴールのうち、エネルギーや気候変動などは、脱炭素化の推進が避けて通れないテーマになります。

SDGsとは？

SDGs（Sustainable Development Goals：持続可能な開発目標）とは、「持続可能」かつ「誰一人取り残さない（leave no one behind)」で、より良い社会の実現を目指す世界共通の目標のことです。2015年9月の国連サミットにおいて、加盟国の全会一致で採択された「持続可能な開発のための2030アジェンダ」の中で掲げられました。そこには、地球上の誰一人として取り残さないことを目指し、先進国と途上国とが一丸となって達成すべき目標が示されているのです。

SDGsの目標の達成年限は2030年であり、その内容は17のゴールと169のターゲットから構成されています。図に示すように、17のゴールの内容は、「①貧困をなくそう」「②飢餓をゼロに」「③すべての人に健康と福祉を」「④質の高い教育をみんなに」「⑤ジェンダー平等を実現しよう」「⑥安全な水とトイレを世界中に」「⑦エネルギーをみんなに、そしてクリーンに」「⑧働きがいも経済成長も」「⑨産業と技術革新の基盤をつくろう」「⑩人や国の不平等をなくそう」「⑪住み続けられるまちづくりを」「⑫つくる責任、つかう責任」「⑬気候変動に具体的な対策を」「⑭海の豊かさを守ろう」「⑮陸の豊かさも守ろう」「⑯平和と公正をすべての人に」「⑰パートナーシップで目標を達成しよう」となっています。

さらに、17のゴールへの到達に向け、169のターゲットを具体的に示しています。たとえば、「⑦エネルギーをみんなに、そしてクリーンに」のターゲットとして、「2030年までに、安価かつ信頼できる現代的エネルギーサービスへの普遍的アクセスを確保する」「2030年までに、世界のエネルギーミックスにおける再生可能エネルギーの割合を大幅に拡大させる」「2030年までに、世界全体のエネルギー効率の改善率を倍増させる」などがあげられています。

SDGsと脱炭素化の推進

世界各国の政府や企業におけるSDGsの達成に向けた動きは、濃淡はあるものの広がりをみせており、世界的な潮流になっています。

日本国内においても、SDGsに関する取り組みは活発化しています。市場や取引先のニーズとして、SDGsへの対応が求められるようになっていて、企業はSDGsを取り込んで経営戦略や事業計画を立てるようになっています。一方、学校教育では、小学校が2020年度、中学校が2021年度、高校が2022年度から、それぞれ「新学習指導要領」が導入され、その中に「持続可能な社会の創り手の育成」が明記されて、本格的なSDGsに関する教育が始まっています。

SDGsは持続可能であることを前提としているため、企業活動や学校教育の取り組みの中では、脱炭素化の優先順位が高くなります。SDGsの17のゴールのうち、エネルギーや気候変動などでは、特に脱炭素化の推進が避けて通れないテーマとなっています。

＊…の目標　外務省 国際協力局 地球規模課題総括課「持続可能な開発目標（SDGs）達成に向けて日本が果たす役割」（令和3年3月）p.2より。

8-2 ESG投資は脱炭素化へのインセンティブ

ESG投資が拡大する中、企業は脱炭素化への積極的な取り組みなしに、十分な投資を受けることが難しくなっています。ESG投資は、企業活動を再生可能エネルギーの活用などの脱炭素化へ向かわせるインセンティブとなっています。

ESG投資のメリット

ESG投資とは、企業の財務情報だけでなく、環境（Environment）・社会（Social）・ガバナンス（Governance）の要素も考慮した投資をいいます。以前から、投資家が企業の株式などに投資する際、投資先の価値を測る物差しとして、キャッシュフローや利益率などの定量的な財務情報が使われてきました。これに加えて、投資先の非財務情報であるESGの要素を考慮するのが、ESG投資になります。

では、「ESGの要素を考慮する」ことで、どのようなメリットが得られるのでしょうか。図は、考慮すべきESGの要素を示しています。E（環境）では、気候変動、水資源、生物多様性などに関する課題があげられます。また、S（社会）では、ダイバーシティ、サプライチェーンなどに関する課題があげられます。G（ガバナンス）では、取締役会の構成、少数株主保護などの課題があげられます。

このようなESGであげられた課題に対し、「企業がその解決に向けてどのような取り組みをしているのか」を評価して投資対象の選別を行います。環境や社会が抱えている課題を解決しながら事業を展開し、適切なガバナンス（企業統治）が行われている企業は、サステナビリティ（持続可能性）が高く、中長期的に成長していくと評価することができます。こうした企業への投資は、確実なリターンが長期にわたって期待できるのです。

ESG投資が脱炭素化を促進

近年、年金基金などの巨大な資産を超長期で運用する機関投資家を中心に、企業経営のサステナビリティを評価するという考え方が広まり、気候変動などを考慮した長期的なリスクマネジメントなどを評価して、ESG投資を行うことが世界的な潮流となっています。

特に、ESGのE（環境）の面では、「気候変動問題にどのように対処するのか」という観点から、企業には脱炭素化に責任を持って取り組むことが求められるようになっています。そして企業は、再生可能エネルギーや水素エネルギーの活用を始めとした脱炭素化への積極的な取り組みなしに、投資を受けることが難しくなっているのです。ESG投資の拡大は、企業活動を脱炭素化へ向かわせる誘因（インセンティブ）となっています。

一方、脱炭素社会の実現には、社会インフラや産業構造の転換が必須であり、それには巨額の資金が必要になります。加えて、一足飛びに脱炭素社会を実現することはできないため、そこへの移行（トランジション）を進める設備投資も必要になります。このような脱炭素社会へ向かう過程で必要となる資金は、世界全体で数千兆円にのぼると言われており、ESG投資が果たす役割は極めて大きいと考えられます。

ESGの要素

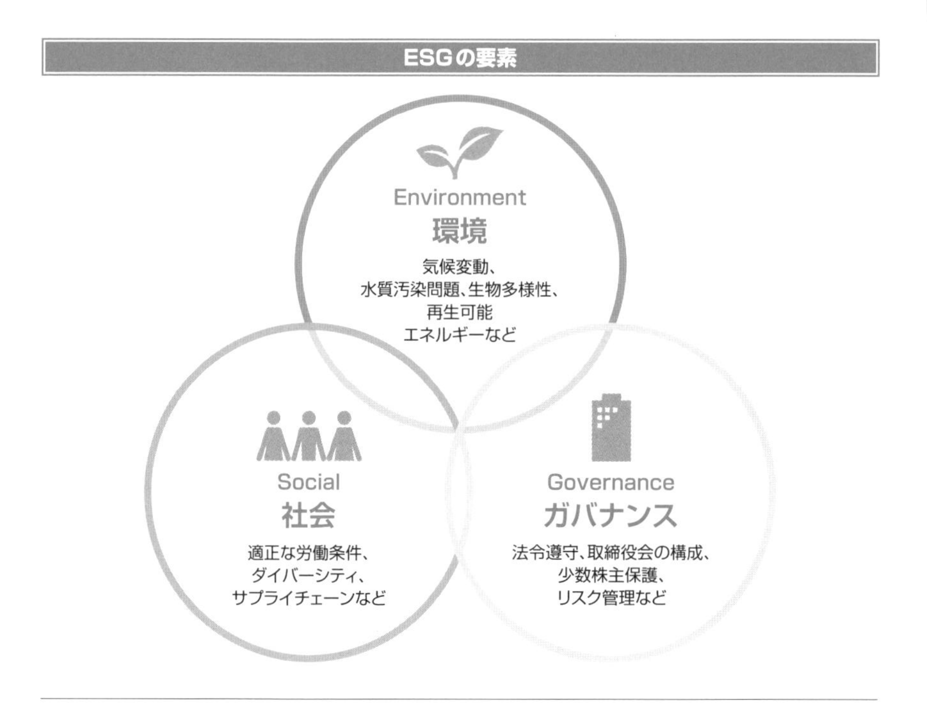

8-3 カーボンプライシング

カーボンプライシングは、企業などのCO_2排出者の行動を変容させるために導入される政策手法であり、代表的な手法は炭素税と排出量取引です。CO_2の排出削減に経済的なインセンティブを与えることで、経済活動を脱炭素へ誘導することができます。

カーボンプライシングとは？

カーボンプライシングとは、CO_2の排出に対して価格を付けることをいいます。カーボンプライシングは、企業などのCO_2排出者の行動を変容させるために導入される政策手法であり、CO_2の排出削減に経済的なインセンティブを与えます。

仮にCO_2の価格が高騰したとすれば、排出にともなうコスト負担が増加し、企業の活動をCO_2の排出削減へ向かわせることができます。たとえば、化石燃料由来の電力や熱の使用が敬遠され、脱炭素技術の開発や転換が促進されます。その結果、生産者と消費者の経済活動を同時に脱炭素、あるいは低炭素へ誘導することができるのです。

ただし、CO_2排出のコスト負担が増加すれば、企業の生産活動に悪い影響をおよぼす可能性があり、企業の国際競争力が低下してしまう恐れがあります。したがって、そのような悪影響が出ないよう、十分に配慮してカーボンプライシングの制度設計を行う必要があります。

さて、カーボンプライシングはどのようなやり方で、CO_2の排出に価格を付けるのでしょうか。図に示すように、明示的なカーボンプライシングとして、「炭素税」と「排出量取引」などがあげられます。明示的カーボンプライシングは、排出される炭素（CO_2）に対し、トン当たりの価格が明示的に付されます。炭素税と排出量取引は、カーボンプライシングの代表的な手法であり、炭素税は次の8-4節、排出量取引は8-5節で詳しく解説します。

これに対し、暗示的なカーボンプライシングとして、「エネルギー課税」や「規制の遵守コスト」などがあげられます。暗示的カーボンプライシングは、消費者や生産者に対して、間接的にCO_2排出削減のためのコスト負担を課します。

エネルギー課税は、CO_2の排出量ではなく、化石燃料などのエネルギー消費量に対して課税されます。たとえば、石油石炭税や揮発油税などが該当します。

また、**規制の遵守コスト**は、規制や基準を遵守するために、排出削減対策のコストが発生するものをいいます。たとえば、省エネ法や地球温暖化対策推進法などによる規制が該当します。

成長志向型カーボンプライシング構想

日本政府は、2023年2月に「GX実現に向けた基本方針」を閣議決定しています。その中で、「成長志向型カーボンプライシング構想」を示していて、施策の柱となるのは、「GX経済移行債等を活用した大胆な先行投資支援」「カーボンプライシングによるGX投資先行インセンティブ」「新たな金融手法の活用」の3つです。

このうち「カーボンプライシングによるGX投資先行インセンティブ」では、制度設計について、①多排出産業を中心に、産業競争力強化と効率的・効果的な排出削減が可能となる「排出量取引制度」を導入する、②多排出産業だけでなく、広くGXへの動機付けが可能となるように、「炭素に対する賦課金」を導入する、という方針を示しています。

カーボンプライシングの種類*

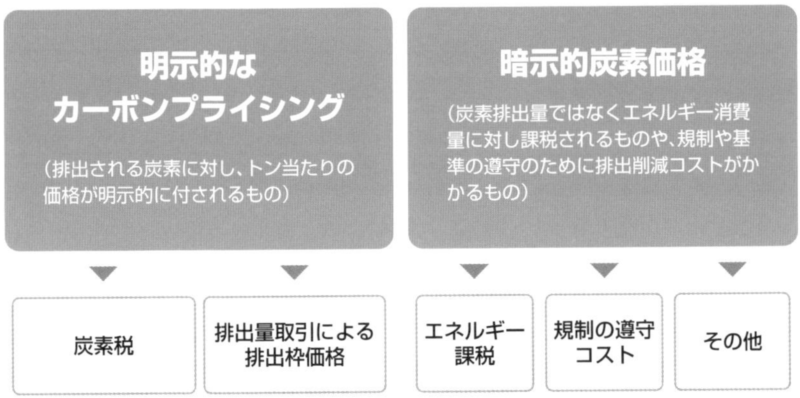

明示的なカーボンプライシング
（排出される炭素に対し、トン当たりの価格が明示的に付されるもの）
- 炭素税
- 排出量取引による排出枠価格

暗示的炭素価格
（炭素排出量ではなくエネルギー消費量に対し課税されるものや、規制や基準の遵守のために排出削減コストがかかるもの）
- エネルギー課税
- 規制の遵守コスト
- その他

OECD (2013) Climate and carbon: Aligning prices and policies より環境省作成

＊…の種類　環境省 カーボンプライシングのあり方に関する検討会 第1回配布資料「カーボンプライシングの意義」（平成29年6月）p.11より。

8-4 炭素税

炭素税は、CO_2の排出量を抑制する効果が得られる経済政策の手法であり、欧州諸国などで既に導入され、日本でも本格的な導入が検討されています。また、EUでは、世界初となる国境炭素税の導入を決めています。

炭素税とは？

炭素税は、企業などが燃料や電気を使用することで排出するCO_2に対して課税されます。具体的には、石炭、石油、天然ガス等の化石燃料に対し、各燃料に含まれる炭素の量に応じて税金がかけられます。炭素税の導入により、化石燃料の購入価格や、それを利用した製品の製造コストなどを引き上げることができます。これにより、化石燃料の需要を抑制し、結果としてCO_2の排出量を抑制する効果が得られます。

炭素税が導入された経済環境の下では、企業が事業活動の脱炭素化に積極的に取り組むインセンティブが働きます。なぜなら脱炭素化への取り組みなしには、炭素税で生じるコスト負担が、脱炭素化に取り組む競合他社に比べて重くなってしまい、自社の商品やサービスの価格競争力が低下してしまうからです。

図は、炭素税を活用することで、2050年のカーボンニュートラルの実現へ向けて、経済活動を後押ししていくイメージを示しています。炭素税を導入する時点では課税水準を低くしておき、将来に向かって段階的に課税水準を引き上げることを、あらかじめ明示しておきます。そうすると、何も対策しなければ税負担が時間の経過とともに重くなっていくため、企業には早期にCO_2の排出削減に取り組むインセンティブが働きます。加えて、炭素税による税収を活用してイノベーションや脱炭素技術の普及を後押しすることで、脱炭素化を加速させることができます。

導入の状況、国境炭素税

近年、炭素税の導入は、欧州を中心に急速な進展がみられます。欧州諸国のうち、フィンランド、スウェーデン、デンマーク、スイス、アイルランド、フランス、イギリスなどは、既に炭素税を導入しています。世界で初めて炭素税を導入したのはフィンランドで、1990年のことでした。それに次いで早いのがスウェーデンで、1991年の導入でした。

最新の動向としては、EUは「炭素国境調整措置（国境炭素税）」の導入を決めています。2023年10月から輸入事業者に対して温室効果ガス排出量の報告を義務化し、2026年から実際に排出量に応じた課税が始まります。なお、国境炭素税では、気候変動対策が不十分で炭素価格*が低い国において作られた製品を輸入する場合、事業者が炭素の価格差を負担することになります。

一方、日本では、2012年10月に「地球温暖化対策のための税(略称：温対税)」が導入されています。温対税は炭素税の一種であり、CO_2排出量1トン当たり289円の税負担（税率）になります。ただし、日本の税率は、欧州諸国の炭素税に比べて、10分の1にも満たない低い水準であるため、CO_2排出の削減効果も限定的になります。そこで現在、本格的な炭素税の導入（2028年度頃）に向け、具体的な制度設計についての検討が進められています。

炭素税の導入による脱炭素化のイメージ*

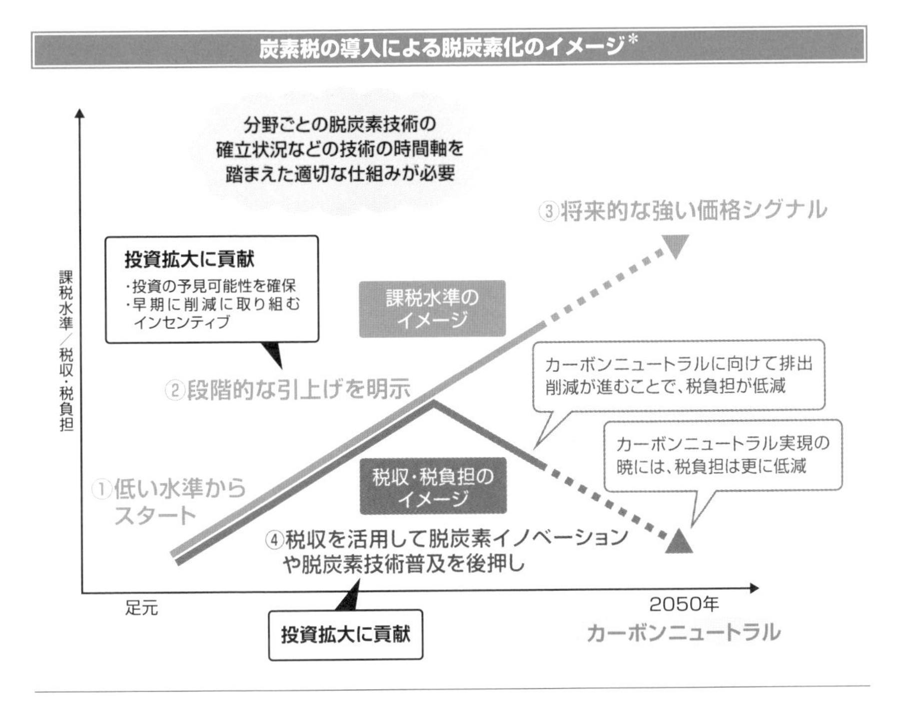

＊**炭素価格**　企業などが排出する温室効果ガスに付ける値段のこと。
＊**…のイメージ**　環境省 カーボンプライシングの活用に関する小委員会 第13回配布資料「炭素税について」（令和3年3月）p.11より。

8-5 排出量取引

排出量取引では、企業ごとにCO_2の排出枠を設定し、企業がその排出枠を超えて排出した場合、排出枠に余剰のある企業から排出枠を購入します。日本では、経済産業省が2026年度から排出量取引市場を本格的に稼働させる方針を示しています。

排出量取引とは？

排出量取引とは、企業ごとにCO_2排出量の上限（排出枠）を設定し、実際の排出量がその上限を上回る企業と、上限を下回る企業との間で排出量を取引することをいいます。排出量取引では、設定された排出枠を下回る水準までCO_2の排出量を削減できれば、その下回った分を販売することで利益を得ることができます。これは、企業がCO_2の排出削減に取り組むインセンティブとして働きます。

このような排出量取引の制度は、排出枠（キャップ）を定め、その排出枠を取引（トレード）することから、**キャップ・アンド・トレード**と呼ばれます。

図は、排出量取引制度の仕組みを示しています。前提として、国や部門全体で排出削減の目標を設定し、それに応じた排出量が全体の排出枠として設定されます。そして、排出枠は、各企業の過去の排出削減努力や今後導入可能な技術の内容などの削減ポテンシャルを踏まえて、企業ごとに分配されます。企業Aは、十分な排出削減対策を実施できておらず、排出枠を超えてCO_2を排出しています。これに対して企業Bは、効果的な排出削減対策を実施して、CO_2の排出を排出枠内に収めています。現状では、企業Aは排出枠内の排出にとどめるという義務を遵守できていません。そこで、企業Aは実排出量に対して不足している排出枠を、排出枠に余剰分のある企業Bから購入することで、義務を遵守できたとみなしてもらえます。

導入の状況と見通し

排出量取引制度は、EU、韓国、中国、カナダなどで既に導入されています。このうちEUは、2005年に世界で初めて排出量取引制度をスタートさせていて、本制度はEU全体の排出量の約40%（約15億トン）をカバーしています。

一方、日本では、東京都が2010年、埼玉県が2011年に排出量取引制度を導入しているものの、国全体としては、これまで導入されていませんでした。

そこで経済産業省は、2026年度から排出量取引市場を本格的に稼働させる方針を示しています。これに先立ち、2023年度から試行的に**GXリーグ**における排出量取引制度をスタートさせます。なお、GX*リーグとは、カーボンニュートラルへの移行に向けた挑戦に果敢に取り組むことで、リーダーシップを発揮する企業群によってGXを牽引する枠組みを指します。この枠組みには、既に国内のCO_2排出量の4割以上を占める約600社が賛同しています。試行される制度では、企業が自主的に参加して目標を設定することで、企業に説明責任が発生し、強いコミットメントや削減インセンティブが生じるという観点から、削減目標の設定や遵守についても、企業の自主努力に委ねることにしています。さらに、排出量取引市場の本格稼働後の施策として、2033年度から発電事業者に対し、段階的に有償で排出枠を割り当てること、などの検討を進めています。

排出量取引制度の仕組み*

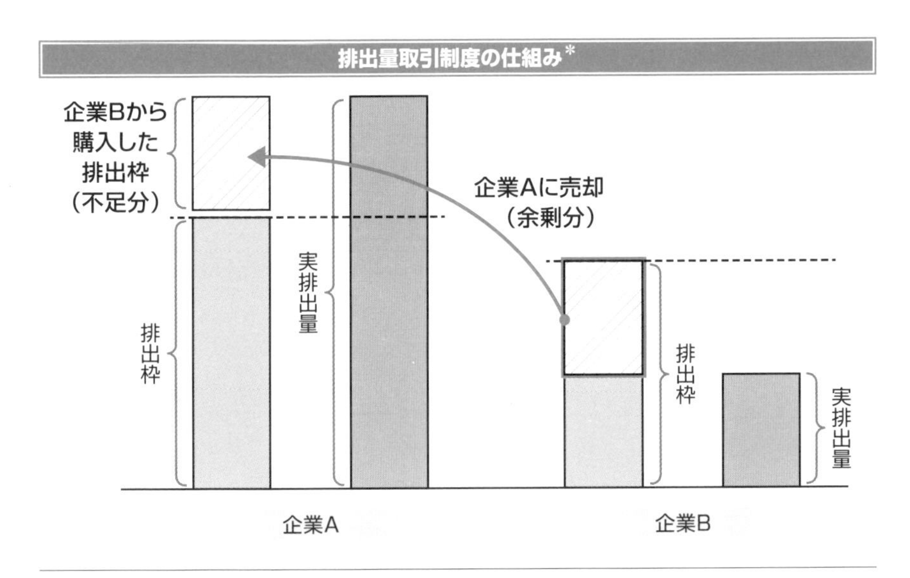

*GX　Green Transformation（グリーントランスフォーメーション）の略。
*…の仕組み　環境省 地球温暖化対策課 市場メカニズム室「国内排出量取引制度について」（平成25年7月）p.2より。

8-6 カーボン・クレジット

カーボン・クレジットでは、一般にCO_2の削減価値を証書化して取引を行います。日本では、既にJ-クレジット制度が運用されており、その取引の活発化に向け、東京証券取引所が2023年10月にカーボン・クレジット市場を開設しています。

カーボン・クレジットとは？

脱炭素社会の構築（＝カーボンニュートラルの実現）へ向け、世界各国で検討や導入が進められているのが、CO_2の削減価値を証書化して取引を行う、クレジット取引です。**カーボン・クレジット**を使って、「トン-CO_2」単位で取引が行われます。

一般に、カーボン・クレジットとは、排出量見通し（ベースライン）に対し、実際の排出量が下回った場合、その差分について測定・レポート・検証を行い、クレジット（排出権）として認証したものを指します。このようなカーボン・クレジットによる取引は、「ベースライン・アンド・クレジット」と呼ばれます。

図は、カーボン・クレジットの考え方を示しています。たとえば、従来型の低効率ボイラーが導入されていた場合のCO_2の見込排出量をベースラインにして、そのベースラインと高効率ボイラーの導入による実際の排出量との差分をクレジットとして認証するのです。なお、カーボン・クレジットは、8-3節で解説した明示的なカーボンプライシングに該当します。ただし、現在の日本国内におけるクレジットの流通は、相対取引*が主流であり、取引量や価格が不透明であるため、クレジット価格が明示的カーボンプライスとして十分に機能していない、という課題が指摘されています。

J-クレジット制度

J-クレジット制度とは、省エネ設備の導入や再生可能エネルギーの利用によるCO_2の排出削減量、および適切な森林管理によるCO_2の吸収量を、国がクレジットとして認証する制度です。J-クレジット制度は、2013年度に国内クレジット制度とJ-VER*制度を一本化して、経済産業省と環境省と農林水産省とが共同で運

＊**相対取引**　市場を介さずに、当事者同士で直接取引すること。
＊**J-VER**　Japan-Verified Emission Reductionの略。

営しています。なお、J-VER制度とは、環境省が2008年に創設した、国内で実施されるプロジェクトによる削減量や吸収量を、オフセット（相殺）用クレジットとして認証した制度のことです。

J-クレジット制度では、排出量の削減や吸収量の増加につながる活動がプロジェクト単位で登録され、クレジットとして認証されます。排出削減などの活動成果をクレジットにして売買することにより、クレジット購入者はクレジット創出者の活動を資金面で支援することができ、社会全体で排出削減や吸収増加のための活動を推進できるのです。

カーボン・クレジットに関する最新の動向をみると、東京証券取引所が2023年10月にカーボン・クレジット市場（取引対象：J-クレジット）を開設しています。これまで相対取引で行われてきたクレジットの売買を、市場での取引へ移行させることで、クレジットの価格の透明性や流動性が高まり、取引が活発化することが期待できます。

カーボン・クレジットの考え方*

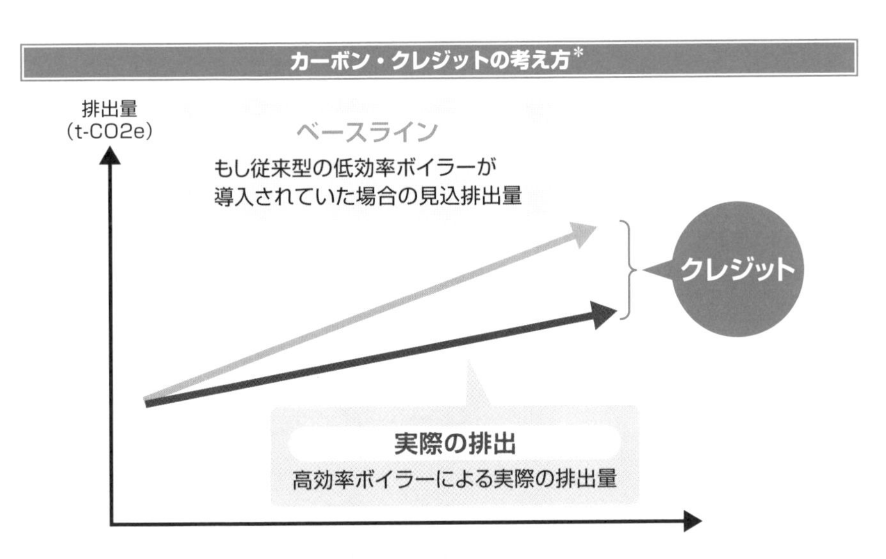

●ベースラインに基づく**GHG 削減・吸収量**を評価したもの。
●自社の排出量（t-CO2e）を、別途調達したクレジットによってオフセットすることができる。

注）CO2eは、CO2 equivalentの略。二酸化炭素換算の数値のこと。

＊…の考え方　経済産業省 第4回 カーボンニュートラルの実現に向けたカーボン・クレジットの適切な活用のための環境整備に関する検討会 参考資料「カーボン・クレジット・レポートの概要」（2022年6月）p.15より。

非化石証書のメリットは？

非化石証書とは、石炭・石油・天然ガスなどの化石燃料を使わないで発電された電力、すなわち太陽光や風力等の再生可能エネルギーなどの非化石電源で発電された電力について、その環境価値の部分を証書化したものをいいます。環境価値とは、「発電にともなってCO_2を排出しない」という価値を指しています。つまり、この環境価値を取引できるように証書にしたものが非化石証書なのです。

非化石証書の取引市場は、2018年に日本卸電力取引所（JEPX）に創設され、同年5月から取引が始まりました。非化石証書の取引量は、年々増加する傾向にあります。

再生エネなどの非化石電源を用いて電気をつくる発電事業者は、非化石証書を取引市場でオークションにかけます。そして、電気を小売する事業者がこの証書を購入するとで、電気に環境価値を付けて販売することができるのです。また、電気を買う側（需要家）にとっては、非化石証書を活用して、小売電気事業者からCO_2を排出しない電力を調達し、自社のCO_2排出量の削減に役立てることができます。

非化石証書の主なメリットについて、もう少し具体的に整理しておきましょう。小売電気事業者は、非化石証書を活用することにより、環境に優しいエネルギーであること、CO_2を排出しない脱炭素に貢献できる電気であることをアピールして販売することができます。

需要家は、非化石証書を活用することにより、環境負荷の低い電力を利用して企業活動を行っていること、脱炭素化に取り組んでいることを、自社の顧客にアピールできます。また、ESG投資が拡大する中、投資家に対し、脱炭素化への積極的な取り組み姿勢を見せることができます。

個人の電気の消費者は、非化石証書付きの電気を利用することで、家庭の脱炭素化に貢献することができます。

社会全体では、非化石証書の取引が活発化することにより、非化石電源である再生可能エネルギーの導入が拡大していくことが期待できます。加えて、再エネ賦課金の負担軽減も期待できます。非化石証書を活用する最大のメリットとしては、再生エネの利用が促進される点があげられます。

第9章

最前線の取り組み

農林水産業、鉱業、製造業、建設業など、多様な産業によって経済を回すことで、私たちの日々の暮らしは成り立っています。さまざまな産業活動により、私たちは豊かな生活を送ることができるのですが、その反面では産業活動を通じて大量のCO_2を排出し続けています。

本章では、CO_2の多排出産業（鉄鋼業、化学産業、セメント産業、紙・パルプ産業）、暮らしに身近な産業（食品産業、小売業、物流業）、モビリティに関わる産業（自動車産業、鉄道業、航空産業）、および自治体を代表例として取り上げ、脱炭素へ向けて何をしようとしているのか、最前線の取り組みについて解説します。

9-1 鉄鋼業 ～水素で製造プロセスを脱炭素化

ハード面から言えば、鋼材なしには私たちの社会は成り立たないほど、さまざまなところで使用されています。ただし、鋼材の製造に際しては大量のCO_2が排出されるため、水素還元製鉄などの社会実装が求められています。

製造プロセスでCO_2を大量排出

鋼材は、製造業や建設業を始めとして、さまざまな産業の基盤を支えている材料です。たとえば、自動車、鉄道、船舶、家電製品、住宅、ビル、包丁、スプーン、金槌など、あげだしたらきりがありませんが、多種多様な製品に使用されており、なくてはならない材料となっています。

このような鋼材を生産する鉄鋼業は、CO_2の多排出産業であり、たとえば、2021年度の排出量（エネルギー起源CO_2、電気・熱配分後）は1億4,500万トンでした。この鉄鋼業からの排出量は、日本の産業全体の約4割を占めています。

鋼材の製造プロセスには、「高炉法」と「電炉法」があり、日本で主流となっているのは高炉法で、生産量全体の4分の3程度を占めています。なお、電炉法では、電気炉で鉄スクラップを溶かし、不純物を取り除いて鋼材をつくります。

高炉法では、鉄鉱石やコークス*などの原料を「高炉」と呼ばれる溶鉱炉へ投入し、炉の中で鉄鉱石から鉄だけを取り出す（還元）と同時に、鉄鉱石を溶かす（溶解）工程を一貫で行います。このコークスを使って鉄鉱石を還元する際に、大量のCO_2が発生してしまう、という点が大きな問題の一つとなっています。

水素還元製鉄の技術開発

図は、鋼材の製造プロセスの脱炭素化を示しています。図の上側は、従来の高炉法による鉄鉱石（主成分:Fe_2O_3）の還元反応を示しており、コークス（主成分:C）によって鉄鉱石から酸素（O）を除去し、CO_2が生じます。1トンの鉄を製造するために、約2トンのCO_2が発生してしまいます。

＊**コークス**　石炭を蒸し焼きにして、炭素部分だけを残した燃料のこと。

これに対して図の下側は、コークスの替わりに水素を用いて鉄鉱石を還元します。この還元反応では、CO_2の発生がなく、水（H_2O）が生じるだけであり、鋼材の製造プロセスを脱炭素化することができるのです。

スウェーデンの鉄鋼メーカーであるSSABは、2021年6月にパイロットプラントを用いて、世界で初めて水素で還元した海綿鉄*を試作することに成功しています。2026年までに、量産規模での実証を行い、化石燃料フリーの鉄鋼製品を市場へ投入するという目標を掲げています。

一方日本では、NEDOが高炉を用いた水素還元技術の開発を支援しています。グリーンイノベーション基金による助成を受け、日本製鉄、JFEスチール、神戸製鋼所、金属系材料研究開発センターが共同で技術開発を進めており、2030年頃の事業化を目指しています。具体的には、2030年までに、製鉄所内で産出される副生水素を利用した高炉における水素還元技術、およびCO_2分離回収技術などにより、製鉄プロセスからのCO_2排出量を30%以上削減する技術の社会実装を目指しています。

鋼材の製造プロセスの脱炭素化*

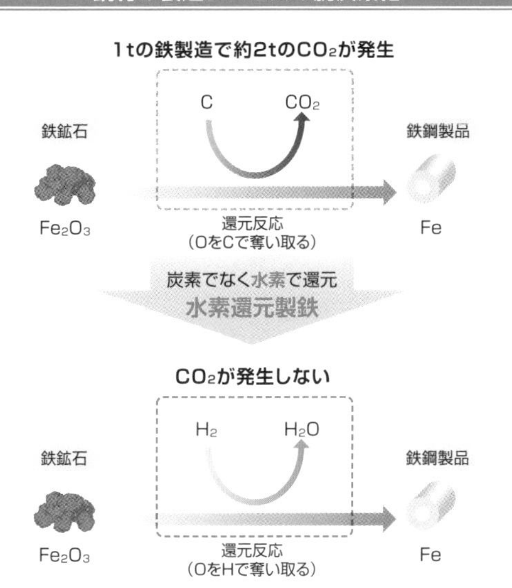

引用元：経済産業省第3回産業構造審議会 グリーンイノベーションプロジェクト部会 エネルギー構造転換分野ワーキンググループ 資料2「『製鉄プロセスにおける水素活用』プロジェクトの研究開発・社会実装の方向性(案)」p15を参考に作成

＊**海綿鉄**　鉄鉱石を還元性ガス等の還元剤による直接還元法で製鉄した多孔質の鉄のこと。

＊**･･･の脱炭素化**　出典：新エネルギー・産業技術総合開発機構（NEDO）（https://green-innovation.nedo.go.jp/article/iron-steelmaking/）

9-2
化学産業 ～炭素循環型の生産体制への転換

鋼材と同様、化学品なしには私たちの社会が成り立たないほど、さまざまなところで使用されています。ただし、化学産業はCO_2の多排出産業であり、対策として、ケミカルリサイクルや次世代プロセスの社会実装へ向けた技術開発が進められています。

化学反応に大量のエネルギーが必要

化学品は、プラスチック、合成繊維、合成ゴム、塗料、接着剤、医薬品、化粧品、洗剤、農薬、化学肥料など、製品の種類は極めて多く、用途も広範囲に及びます。自動車、電機電子、医薬品を始めとして、幅広く産業を下支えしています。

このような化学品を生産する化学産業は、CO_2の多排出産業であり、2021年度の排出量（エネルギー起源CO_2、電気・熱配分後）は5,700万トンでした。この化学産業からの排出量は、産業部門の中では鉄鋼業に次いで2番目に多い排出量であり、日本の産業全体の約15%を占めています。

多様な原料から、多種多様な化学品を製造するには、高温や高圧や極低温などの環境下で、さまざまな化学反応を経ることが不可欠であり、そのプロセスにおいて、一定のエネルギー投入が必要になります。現状では、その必要なエネルギーを得る際に、化石燃料などを使用するため、大量のCO_2が排出されることになります。また、使用済みとなった廃プラスチックは、現在、8割強がリサイクルされているものの、その内の6割弱はゴミ焼却発電などの熱源に利用されており、焼却によってCO_2が排出されてしまいます。

したがって、製造プロセスで使用する熱源や電力を脱炭素化したり、廃プラスチックを焼却せずにリサイクルしたりするなど、対策を行う必要があるのです。

ケミカルリサイクルと次世代プロセス

図の上側は、ナフサ*からプラスチックを製造するための既存プロセスを示しています。ナフサ分解炉の熱源の燃料をアンモニアに転換することで、ナフサ分解

*ナフサ　ナフサは石油を精製して得られ、ナフサからエチレン、プロピレン、ブタジエン、ベンゼン、トルエン、キシレンといった石油化学基礎製品が作られる。

炉からのCO_2排出をなくすことができます。また、自家発電を石炭火力から水素やアンモニアなどを用いた発電に切り替えることで、CO_2排出をなくすことができます。さらに、廃プラスチックを原料として再生利用する**ケミカルリサイクル**を推進することで、廃プラスチックの焼却処理によるCO_2排出をなくすことができます。

このように、製造時に使用するエネルギーを脱炭素燃料へ転換してCO_2の排出をなくすこと、および原料を化石原料から地表にある炭素源（廃プラスチック等）の循環に転換することにより、大気中にCO_2を放出しないことで、化学産業の脱炭素化を進めることができるのです。

一方、図の下側は、ナフサ以外のもの、すなわち石油由来ではないものからプラスチックを製造する次世代のプロセスを示しています。次世代プロセスでは、発電所や工場等から排出されるCO_2と水素を用いてメタノールを合成し、MTO*によってプラスチックの原料を製造します。また、バイオマスを発酵させて製造したバイオエタノールからETO*によってプラスチックの原料を製造します。

脱炭素化へ向けた炭素循環型の生産体制*

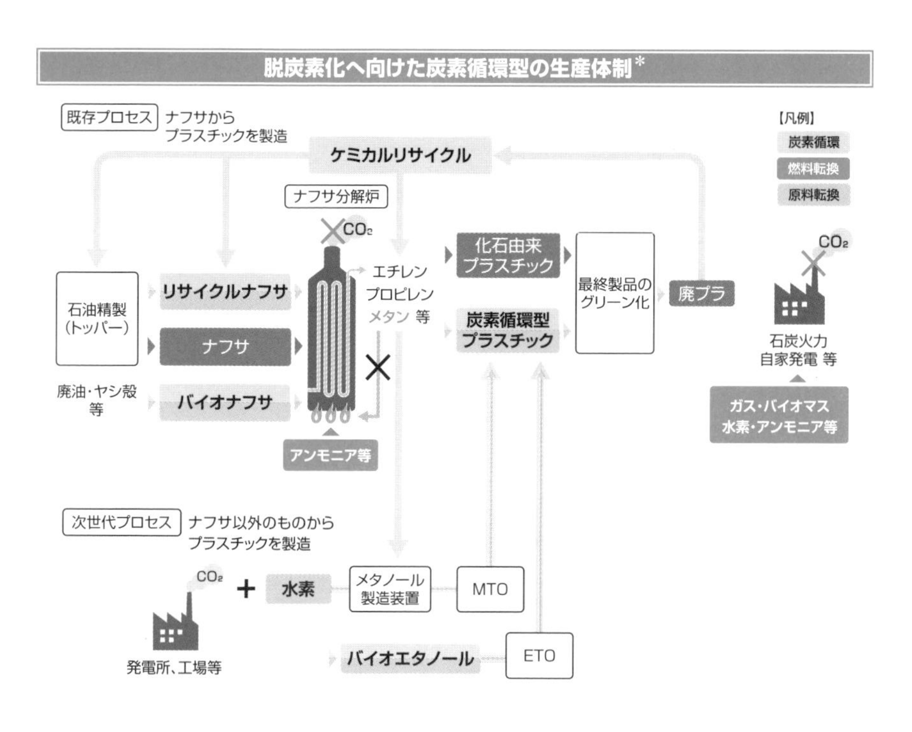

---

* **MTO**　Methanol To Olefineの略。メタノールからオレフィン系炭化水素を合成する技術のこと。
* **ETO**　Ethanol to Olefinの略。エタノールからオレフィン系炭化水素を合成する技術のこと。
* **…の生産体制**　日本化学工業協会「化学業界における地球温暖化対策の取組み～カーボンニュートラル行動計画2022年度実績報告～」（2024年1月25日）

9-3 セメント産業 ～脱炭素と資源循環の融合

セメントはコンクリートの原料であり、建設業で使用され、社会インフラを支える重要な産業です。セメント産業では、循環型社会への貢献を維持しつつ、カーボンリサイクル技術の開発により、脱炭素化を進めていくことがポイントになります。

プロセス起源CO_2の大量排出

窯業･土石製品の2021年度の排出量（エネルギー起源CO_2、電気･熱配分後）は、2,700万トンであり、日本の産業全体の約7%を占めています。この窯業･土石製品の内訳をみると、陶磁器、ガラス、セメントなどになります。ここでは、窯業･土石製品の上記排出量の6割程度を占める、**セメント産業**について解説します。

なお、鉄鋼、化学、窯業・土石などの素材産業では、製造プロセスで大量のエネルギー（熱や電力）が必要であり、化石燃料を燃やすことで、このエネルギーを確保しています。そして、化石燃料を燃やす際に、大量のエネルギー起源CO_2が排出されてしまうのです。加えて、製造プロセスにおける化学反応の際にも、大量のCO_2が排出されてしまいます。

セメント産業では、セメントの原料である石灰石を1,450℃で加熱する際の脱炭酸反応により、必然的にCO_2が発生し、エネルギー起源CO_2の約1.5倍の石灰石由来CO_2（プロセス起源CO_2）が排出されています。したがって、エネルギー源の脱炭素化と同時に、製造プロセスの脱炭素化を進めることが重要になります。

脱炭素化のポイント

図は、セメントの製造プロセスにおけるCO_2排出の削減対策の全体像を示しています。なお、石灰石などの原料に熱を加えると、化学反応を起こして「クリンカ」と呼ばれる、水を混ぜた時に固まる素材に変化します。セメントは、このクリンカを粉砕機で砕くなどして粉状にしたものになります。

セメント産業が脱炭素化を進めるに当たって着目すべきポイントとしては、次の

3つがあげられます。

第1に、クリンカを製造する際の脱炭酸反応によって大量に排出されるCO_2の対策を、どのように進めるのかという点です。短中期的にはクリンカ比率の低いセメントの開発、中長期的にはCO_2回収技術の開発と確立が重要になります。

第2に、セメント産業は、他のさまざまな産業から出る廃棄物を原料代替やエネルギー代替として受け入れており、循環型社会の形成に貢献しているという点です。たとえば、火力発電所の石炭灰、製鉄所の鉄鋼スラグ、下水処理場の汚泥、自動車の廃タイヤなどは、セメントの製造プロセスにおいて、原料や熱エネルギーとして有効利用されています。このような資源の循環利用への貢献を損なうことなく、維持さらには強化しながら脱炭素化を進めることが重要になります。

第3に、廃コンクリートや多様な廃棄物から抽出した酸化カルシウム（CaO）と、セメントの製造プロセスから回収したCO_2を用いて、炭酸塩（$CaCO_3$）化し、再生石灰石や素材・化学品として再利用する技術の開発が重要になります。

製造プロセスにおけるCO_2の削減対策*

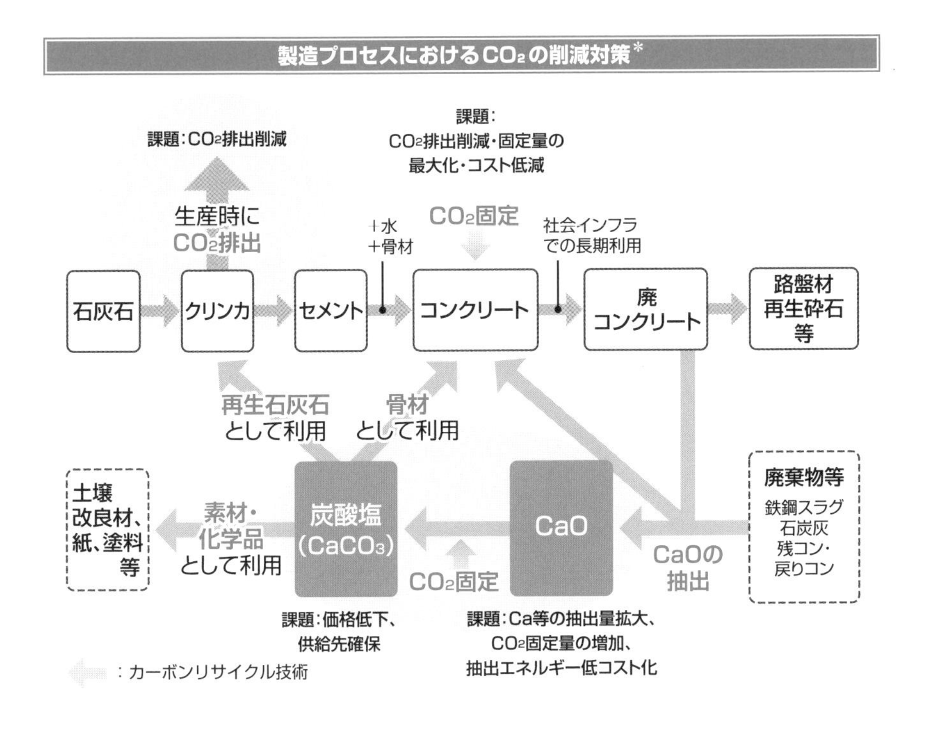

＊…の削減対策　経済産業省「「トランジション・ファイナンス」に関するセメント分野における技術ロードマップ」（2022年3月）p.24より。

9-4 紙・パルプ産業 ～化石燃料からバイオマス燃料へ転換

紙・パルプ産業は、その製造工程において電力や蒸気を使用しており、エネルギー起源のCO_2を大量に排出しています。脱炭素へ向けては、化石燃料からバイオマス燃料への転換などが必須になります。

エネルギー起源CO_2を大量に排出

紙の種類・分類としては、新聞用紙や印刷用紙などの情報用、段ボール原紙やクラフト紙などの包装用、トイレットペーパーやティシュなどの衛生用、電気絶縁紙などの工業用があげられます。**紙・パルプ産業**は、このように多様な紙を生産し供給することで、さまざまな産業活動や家庭生活を支えています。紙・パルプ産業は、CO_2の多排出産業であり、2021年度の排出量（エネルギー起源CO_2、電気・熱配分後）は1,900万トンであり、日本の産業全体の約5%を占めています。

紙が出来上がるまでの製造工程は、パルプを作る前工程と、パルプから紙を作る後工程に分けられます。パルプとは、木材チップなどから繊維を取り出したものであり、紙の原料となります。

紙の製造工程では、動力として電力を使用するとともに、前工程の蒸解や後工程の乾燥などで大量の蒸気（熱）を使用しています。したがって、紙・パルプ産業では、排出されるCO_2の大部分がエネルギー起源のものになります。

なお、パルプを作る際の蒸解の工程では、木材チップを薬品と一緒に煮込んで、チップの繊維をバラバラにします。蒸解釜の処理から出る廃液は「黒液」と呼ばれ、黒液は回収して、工場内で使用する蒸気や電気を作る燃料として利用されています。この黒液に含まれる有機物は植物由来であり、バイオマスであることから、化石燃料に替えて黒液を使用することで、CO_2の排出を削減することができます。

脱炭素へ向けた対策は？

図は、紙・パルプ産業におけるCO_2の排出源と脱炭素へ向けた手法を示しています。パルプと紙の製造工程からのCO_2排出は、自家用の蒸気や電力を中心としたエネルギー利用にともなって排出されています。脱炭素へ向けては、①高効率で省エネ性能の高い製造設備への転換、②使用する蒸気や電力のエネルギー源を、化石燃料から再生可能エネルギー（バイオマス燃料等）へ転換、③CCS/CCUSの実装、などをテーマとして取り組みが進められています。特に、化石燃料からのエネルギー転換は必須であり、製紙メーカー各社は原料調達のために森林を保有していることから、バイオマス燃料をフルに活用することがポイントになります。

また、製紙メーカーは、紙の原料となる木材を確保するため、国内や海外で植林事業を進めています。樹木は、成長がほぼ停止している成木よりも、成長を続けている若木の方がCO_2の吸収能力が高くなります。したがって、伐採と植林のサイクルを適切に管理することで、若木のCO_2吸収能力を活かし、森林の吸収機能を最大限に引き出すことができます。製紙メーカーは、持続可能な森林経営の促進や成長の早い樹種の開発により、森林によるCO_2吸収・固定量を増大させることに取り組んでいます。

さらに、これまで市中ゴミとして焼却処理されてきた難処理古紙を、回収・再利用するシステムや技術を開発するなどして、社会全体の脱炭素化に貢献することを目指しています。

第9章　最前線の取り組み

CO_2排出源と脱炭素の手法*

	主な排出源	脱炭素への手法
パルプ・紙製造	・自家用蒸気・電力を中心としたエネルギー利用による排出	・省エネ技術等の活用 ・熱及びエネルギー利用時の燃料転換・電化 ・CCS/CCUSの実装
植林	−	・植林や成長の早い樹種の開発により森林によるCO_2吸収・固定量を増大し、社会全体のカーボンニュートラルに貢献するとともに、自社のCO_2オフセットを進める
古紙リサイクル	・古紙として回収されず、廃棄物として焼却処理されることによる排出	・従来廃棄物とされている難処理古紙等を回収・再利用するシステム・技術を拡大することにより、社会全体のカーボンニュートラルに貢献

＊…の手法　経済産業省「「トランジション・ファイナンス」に関する紙・パルプ分野における技術ロードマップ」（2022年3月）p.24より。

9-5 食品産業 ～食品ロスと脱炭素

世界全体で膨大な量の食品が食べられることなく廃棄されており、貧困層の飢餓やムダなCO_2排出の原因になっています。日本でも膨大な食品ロスが生じていて、食品サプライチェーンの川上から川下までを対象に、食品ロスの削減対策が進められています。

食品ロスとCO_2排出

食品ロスとは、本来食べられるにもかかわらず、捨てられてしまう食品のことです。世界全体では、毎年、食料生産量の3分の1に当たる食料が廃棄されており、膨大な量の食品ロスが発生しています。

食料が不足して飢餓状態にある人は、開発途上国の農村部を中心に存在し、その数は世界全体でみて9人に1人とも言われており、人類共通の課題として解決に取り組む必要があります。食品ロスを減らし、減らした分を飢餓に苦しむ人々への食糧支援に充てることは、世界の飢餓を解消する処方箋の一つになります。

一方、日本における食品ロスの量は、年間523万トン（2021年度推計値）に及び、これは日本人1人当たりでみると、概ね毎日お茶碗一杯分のご飯を捨てることに相当します。したがって、食品ロスの削減は、先進国である日本が果たすべき役割でもあるのです。

食品ロスの原因をみると、日本のような先進国では、「売れ残りによる賞味期限切れ」や「作りすぎによる食べ残し」など、消費段階で大量の食料が捨てられています。これに対して途上国では、「保管施設の衛生状態が悪いため、害虫やカビが発生して作物が傷んでしまう」「経済的に貧しい農家は人手や機械が手に入らないため、収穫が間に合わず作物を腐らせてしまう」など、収穫段階から食品ロスが生じています。

食品は、製造、卸売、小売、外食や一般家庭といったサプライチェーンの各段階においてエネルギーを消費しており、現状ではそれにともなって大量のCO_2が排出されています。加えて、リサイクルできずに廃棄される食品は焼却されるのですが、水分の多い食品は紙などのゴミを燃やすよりも多くの燃料を必要とするため、余分なCO_2を排出する原因となってしまいます。

したがって、食品ロスの削減は、世界の飢餓の問題にとどまらず、脱炭素の観点からも重要なテーマになります。大切なエネルギーを消費して食べないものを製造し、輸送しているということは、エネルギーを浪費してムダにCO_2を排出していることにほかなりません。

サプライチェーン全体に着目して対策

図は、日本の食品サプライチェーンの各段階における食品ロスの削減対策を示しています。たとえば、外食での対策としては、需要予測精度の向上、調理ロスの削減、食べ切り運動や小盛サービスの推進などがあげられます。食べ切り運動の具体例としては、注文した料理を残さずに食べた子供たちを表彰する取り組みなどがあげられます。

製造、卸売、小売、外食、家庭が、それぞれの立場から取り組むこと、それぞれが協力しながら取り組むこと、できることから着実に進めていくことが、食品ロスの削減、ひいては脱炭素社会の実現に向けて重要になります。

食品ロスの削減対策＊

製造	卸売	小売	外食	家庭
•需要予測精度向上 •製造ミス削減 •賞味期限延長・年月表示化 •期限設定情報開示	•需要予測精度向上 •売り切り •配送時の汚・破損削減	•需要予測精度向上 •売り切り •小容量販売 •バラ売り	•需要予測精度向上 •調理ロス削減 •食べ切り運動 •小盛サービス •持ち帰り(自己責任)	•冷蔵庫・家庭内の在庫管理 •計画的な買い物 •食べ切り •使い切り •期限表示の理解

・フードチェーン全体での返品・過剰在庫削減
・余剰食品のフードバンク寄付

食品ロスの実態把握・削減意識共有、もったいない精神

＊**…の削減対策**　農林水産省 外食・食文化課 食品ロス・リサイクル対策室「食品ロス及びリサイクルをめぐる情勢」（2023年6月）p.112より。

9-6 小売業 ～CO_2排出の特徴とイオンの事例

小売業の店舗の脱炭素化の施策として、高効率照明の導入、建築物の断熱改修の推進、再生可能エネルギーの活用などがあげられます。イオンは、2040年までの脱炭素化を目指しており、省エネ、創エネ、電力系統のCO_2削減に取り組んでいます。

店舗の電力使用でCO_2を排出

小売業は、私たちにとって身近な存在であり、日々の暮らしに欠かせない、さまざまな商品を提供するという役割を担っています。小売業とは、生産者や卸売業者などから商品を仕入れ、一般の消費者に販売する事業をいいます。小売業の種類としては、百貨店、スーパーマーケット、コンビニエンスストア、各種の専門店（たとえば、アパレル店、ドラッグストア、家電量販店）などがあげられます。

このような小売業では、店舗の営業に電力や熱をエネルギーとして使用しており、現状では電源や熱源を化石燃料に依存しているため、そこでのエネルギー使用がCO_2排出の原因となっています。したがって、小売業の脱炭素化に向けては、化石燃料から再生可能エネルギーへの転換や、省エネルギーの推進が、取り組むべき重要なテーマになります。

特に、小売業の店舗で使用するエネルギーは、電力が大部分を占めていて、主に空調や照明などで消費しています。店舗の脱炭素化の具体的な施策としては、高効率照明の導入、既築建築物の断熱改修の推進、再生可能エネルギーによる電力供給などがあげられます。

省エネと再生エネ導入を加速

小売業の中で、気候変動対策への取り組みに積極的であると評価されている企業の一つが、イオンです。イオンは、総合スーパー、スーパーマーケット、ディスカウントストア、コンビニエンスストア、ドラッグストアなど、多様な業態の店舗を多数展開しています。

イオンは、2040年までに脱炭素化することを目指しており、そこへ向けたアプローチの方法として、「省エネ」「創エネ」「電力系統を利用したCO_2削減」の3つの柱を掲げています。

省エネでは、既存設備の使い方を工夫する運用改善、エネルギー消費効率の高い省エネ機器の導入、環境負荷の少ない店舗づくりに取り組んでいます。事業拡大によるエネルギー需要の増加を、省エネによって吸収し、さらにエネルギー需要を削減していく方針です。

創エネでは、店舗の屋根への太陽光パネルの新設、オンサイトPPAの活用などに取り組んでいます。なお、オンサイトPPA*とは、発電事業者が需要家の敷地内に無償で発電設備を設置し、発電した電気を需要家が購入して使う仕組みをいいます。

以上のように省エネと創エネの取り組みを進めてもなお、賄えないエネルギー需要分については、電力系統を利用して再生可能エネルギー由来の電力を購入し、対応する方針です。FIT*制度の買い取りが終了した卒FIT電源による電力を、安価に購入していく計画です。

小売業の店舗の脱炭素化

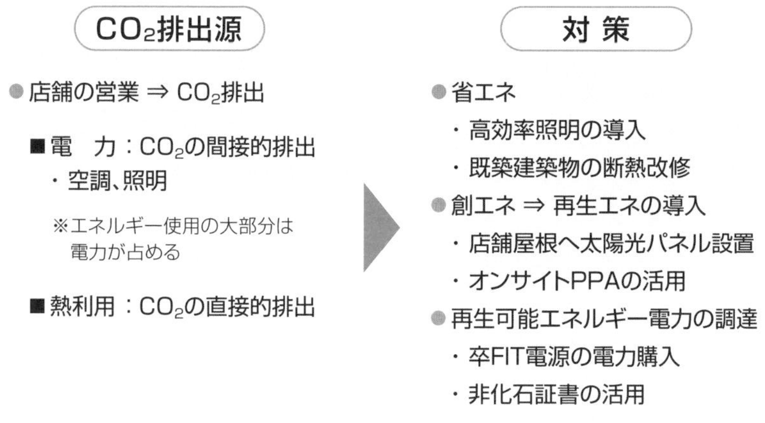

CO_2排出源	対策
●店舗の営業 ⇒ CO_2排出 ■電　力：CO_2の間接的排出 ・空調、照明 ※エネルギー使用の大部分は電力が占める ■熱利用：CO_2の直接的排出	●省エネ ・高効率照明の導入 ・既築建築物の断熱改修 ●創エネ ⇒ 再生エネの導入 ・店舗屋根へ太陽光パネル設置 ・オンサイトPPAの活用 ●再生可能エネルギー電力の調達 ・卒FIT電源の電力購入 ・非化石証書の活用

---

*PPA　Power Purchase Agreementの略。電力販売契約のこと。
*FIT　Feed-in Tariffの略。FIT制度とは、固定価格買取制度のこと。

9-7 物流業 ～急増する宅配便とヤマト運輸の事例

物流業の脱炭素化の主な施策として、モーダルシフトや共同配送、トラックの電動化などがあげられます。ヤマト運輸は、2050年までに温室効果ガス排出量実質ゼロを目指しており、EVや太陽光発電設備の導入と効率的運用、FC大型トラックの実証走行などに取り組んでいます。

物流業の脱炭素化

物流とは、商品を生産者から消費者へ届けるまでの流れをいいます。物流業は、この物流に関する一連の業務を担っています。業務の内容としては、商品の輸送、保管、荷役、包装、流通加工、情報管理があげられますが、主にトラックなどで商品を輸送する際に、CO_2を排出しています。

物流業の脱炭素化へ向けては、輸送の効率化や非化石エネルギーへの転換が、取り組むべき重要なテーマになります。輸送の効率化としては、モーダルシフト*、共同配送、トラックの積載効率の向上、輸送量の平準化、エコドライブなどがあげられます。また、非化石エネルギーへの転換としては、化石燃料からバイオ燃料・合成燃料への燃料転換、およびトラックの電動化（EV、FCV等）があげられます。

宅配便のEV化へ向けて

近年、インターネットの普及やスマートフォンの利用拡大などにより、電子商取引(EC*)が急速に拡大し、宅配便の取り扱い個数が増加しています。日本における宅配便の取り扱い個数は、2008年度に約32.1億個であったのが、2021年度には約49.5億個になっていて、この間に5割以上の増加がみられ、急速に伸びていることがわかります。今や宅配便は、生活になくてはならないサービスとなっているのです。ここでは、物流業のうち、拡大を続ける宅配便に着目し、宅配便最大手であるヤマト運輸の取り組み事例を、以下に紹介します。

ヤマト運輸は、2050年までに、温室効果ガスの排出を実質ゼロにすることを

＊**モーダルシフト**　トラック輸送から鉄道や海運へ転換すること。

＊**EC**　Electronic Commerceの略。

目標に掲げています。また、2030年の温室効果ガス排出量を、2020年度比で48%削減することを目指しています。

具体的な取り組みとしては、2030年までに、電気自動車（EV）を2万台導入することを計画しています。また､長距離輸送の脱炭素化に向け､2023年5月から､燃料電池（FC）大型トラックの実証走行（東京と群馬間の輸送業務）を開始しています。

加えて、図は、ヤマト運輸がグリーンイノベーション基金による助成を受けて開発・実証に取り組んでいる、カートリッジ式バッテリーを軸としたエネルギーマネジメントシステム（EMS）の将来ビジョンを示しています。EVを商用車として大量導入するに当たっては、太陽光発電による充電が可能な時間帯と、EVの稼働時間帯が重複してしまうため、EVの車載バッテリーへの充電には工夫が必要になります。そこで、バッテリー（蓄電池）をカートリッジ式にすることで、差し替えや運搬が可能となり、再生エネルギー由来電力から充電したEVを効率的に運用することができます。

カートリッジ式バッテリーによるEMSの将来ビジョン*

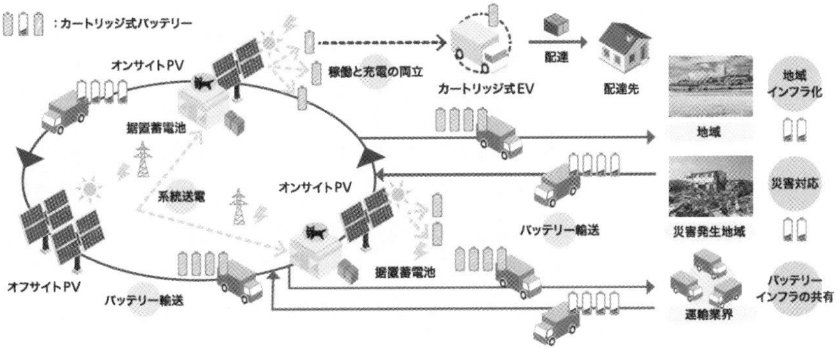

*…の将来ビジョン　ヤマトホールディングス「サステナビリティ（環境）に関する説明会」（2022.12.21）p.18より。

9-8 自動車産業 ～大変革期とCO_2削減対策

自動車産業は、CASEによる大変革期を迎えていて、グローバル市場での競争は激しさを増しています。CASEへ方向づけている最も大きな要因の一つが脱炭素化の流れであり、自動車産業全体でCO_2削減対策が進められています。

大変革期の自動車産業

自動車産業は、「100年に一度の大変革期を迎えている」と言われています。変革のキーワードは**CASE**で、CASEとは「Connected（コネクティッド）」「Autonomous/Automated（自動化）」「Shared（シェアリング）」「Electric（電動化）」の4つの頭文字をとった造語になります。

コネクティッドは、自動車に通信機器やセンサが搭載され、ネットワークを通してさまざまなものにつながることを指します。たとえば、交通事故発生時の自動通報システム、渋滞の情報や駐車場の空き情報の通知などがあげられます。

自動化は、自動運転のことを指します。運転自動化レベルは、0～5の6段階に分けられていて、レベル5で運転者は何もしなくていい状態になります。現在、日本ではレベル3の自動車が公道を走ることが認められており、一部のメーカーがレベル3の自動車を販売しています。なおレベル3は、自動運転システムがすべての運転操作を一定の条件下で実行し、作動継続が困難な場合に、システムの介入要求に応じて運転者が適切に対応する必要があります。

シェアリングは、カーシェアリングやライドシェアリング（相乗り）のことを指します。なお、シェアリングエコノミーについては、5章8節で解説しています。

電動化は、自動車の動力源を電化することを指します。自動車の電動化については、4章11節で解説しています。

このようなCASEによる大変革は、自動車の世界市場で確実に進行していて、それを市場機会と捉えて積極的に行動を起こす企業にとってはチャンスとなる一方、現状に満足して何も行動を変えない企業は窮地に陥る可能性があります。

CASEのうち、脱炭素化と最も関連が深いのは、電動化になります。また、コネクティッドは交通流の改善を通じて、シェアリングは自動車の効率的な利用を通じて、脱炭素化に貢献できます。

脱炭素社会へ向けた総合的な取り組み

図は、自動車産業におけるCO_2排出量の削減対策の全体像を示しています。CO_2削減対策のテーマは、燃料消費効率の良い自動車、効率的な利用、交通流の改善、燃料の多様化の4つになります。

燃料消費効率の良い自動車では、自動車メーカーが燃費改善や次世代自動車の開発に取り組み、政府がエコカーの普及を支援していくことが重要になります。

効率的な利用では、利用者がエコドライブの実践や物流の運送・積載効率の向上に取り組むことが重要になります。

交通流の改善では、行政が料金自動収受（ETC）やインテリジェント・トランスポート・システム（ITS）の整備を推進することが重要になります。

燃料の多様化では、燃料供給者がバイオ燃料導入、水素燃料供給、充電設備の設置を推進することが重要になります。

CO_2削減対策の全体像＊

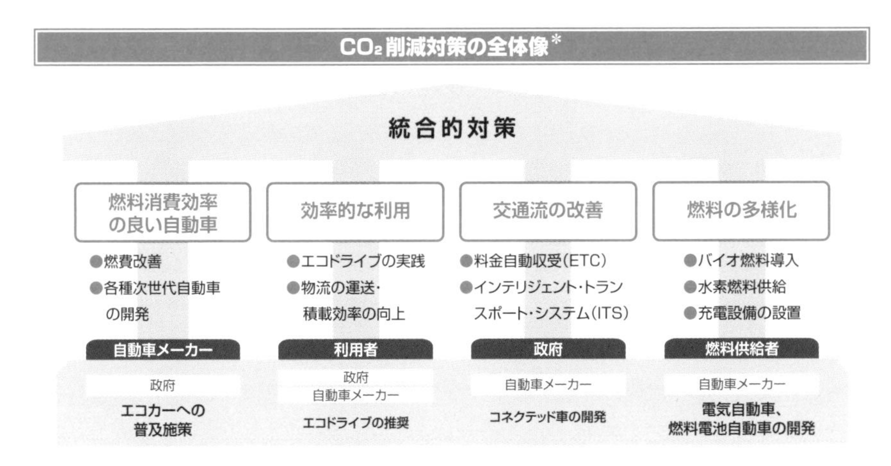

＊…の全体像　日本自動車工業会、日本自動車車体工業会「自動車製造業における地球温暖化対策の取り組み」（2023.3.17）p.20より。

9-9 鉄道業 ～環境優位性と東急電鉄の事例

輸送手段について、可能な限りエネルギー効率の高い鉄道輸送への転換を進めることは重要なテーマの一つです。そして、鉄道で使用する電力を再生可能エネルギー由来に切り替えてることは、脱炭素社会へ近づいていくための有効な手段となります。

鉄道の環境優位性

鉄道は、自動車や航空機と比べてエネルギー効率が高く、単位輸送量当たりのCO_2排出量が著しく低いという環境優位性を持っています。鉄道はレールと車輪の摩擦によって、線路の上を走る仕組みであるため、走行時の抵抗が小さくなり、エネルギー効率は高くなります。また、旅客や貨物の大量輸送が可能であるため、単位輸送量当たりのCO_2排出量を低く抑えることができます。

ここでは、鉄道の環境優位性について、データを確認しておきましょう。図は、コロナ禍前の2019年度における各旅客輸送の単位輸送量当たりのCO_2排出量を示しています。具体的には、自家用乗用車、航空、バス、鉄道において、1人を1km輸送するために、どれだけのCO_2が排出されるのか、を示しています。鉄道の単位輸送量当たりのCO_2排出量は、17g-CO_2/人kmであり、旅客輸送の中で最も少ないことがわかります。最も排出量の多い自家用乗用車の130g-CO_2/人kmと比べると、鉄道はその8分の1程度であり、CO_2の排出量がかなり少ないことがわかります。

なお、コロナ禍によって、航空、バス、鉄道は利用者数が大幅に減少しており、それにともなって、単位輸送量当たりのCO_2排出量が増加しています。たとえば、2021年度では、鉄道のCO_2排出量は25g-CO_2/人kmに増えており、外部環境の変化によってデータが変動することに注意する必要があります。図に示した2019年度のデータは、現行の技術による輸送手段を用いた例年のCO_2排出量のレベルを表すものとして掲載しています。

以上の点を踏まえ、脱炭素社会の構築に当たっては、鉄道の利用方法について再考し、脱炭素社会の仕組みの中に効果的に組み込んでいく必要があります。また、私たち各輸送手段を利用する側に対しては、生活や仕事の中でどれを選択して利用するのか、賢い行動が求められています。

再生エネ由来の電力で運行

東急電鉄は、東京を中心とした首都圏エリアの鉄道の旅客輸送において、中核的な役割を担っています。東急電鉄では、2022年4月から、全線（鉄道7路線と軌道1路線の105km）において、トラッキング付き非化石証書による再生可能エネルギー100%での運行を開始しています。

非化石証書とは、化石燃料を使わない再生可能エネルギーなどによって発電された電力について、環境価値の部分を証書化したものをいいます。また、トラッキングとは追跡という意味であり、トラッキング付き非化石証書には、どこで発電されたのかを示す情報が付与されています。なお、非化石証書については、8章のコラムで詳しく解説しています。

鉄道では、車両の走行、駅や信号・保安装置等の付帯施設で大量に電力を消費するため、その電力を再生可能エネルギー由来とすることで、脱炭素社会の構築に貢献することができます。

旅客輸送の単位輸送量当たりのCO_2排出量*

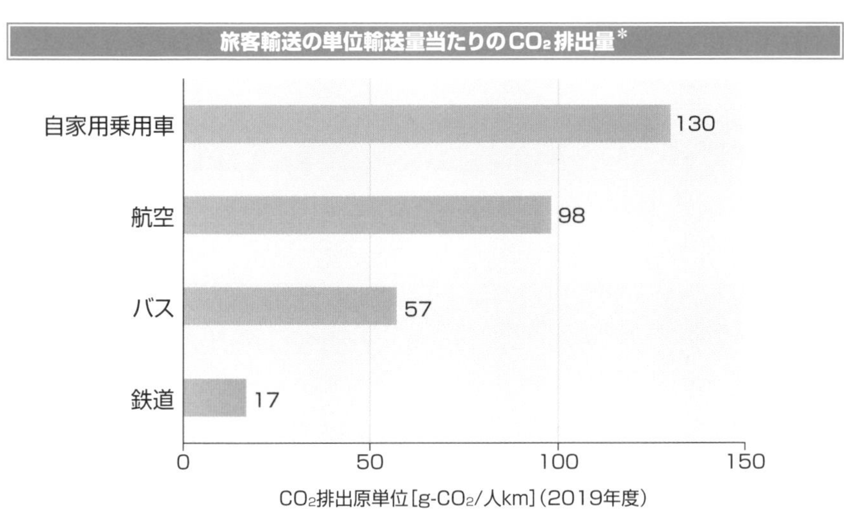

※温室効果ガスインベントリオフィス：「日本の温室効果ガス排出量データ」、国土交通省：「自動車輸送統計」、「航空輸送統計」、「鉄道輸送統計」より、国土交通省 環境政策課作成

＊…のCO_2排出量　国土交通省のホームページ（https://www.mlit.go.jp/sogoseisaku/environment/content/001513823.pdf）より。

9-10 航空産業 ～SAFへの転換と出光興産の事例

航空産業では、脱炭素化に向け、既に一部でSAFの利用が始まっています。ただ、本格的にSAFを社会実装するには、供給量が少ないこと、製造コストが高いことが障壁となっており、製造商業機の開発などが進められています。

脱炭素化の中核を担うSAF

欧州では、航空機による移動を非難する「Flight Shame」という言葉が使われています。気候変動への対策が待ったなしとなる昨今、単位輸送量当たりのCO_2排出量が、鉄道に比べてかなり多い航空機に乗るのは恥ずべきこと、という意味で使われています。日本語に訳すと「飛び恥」となるのですが、日本のメディアでも最近よく見かけるようになっています。1時間から3時間程度の近距離のフライトについて、航空機を利用しなくても、CO_2排出の少ない鉄道を利用すれば十分でしょう、という考え方から、欧州では既に近距離の航空路線を減便する動きが広がっています。日本では、新幹線が整備されていますので、たとえば東京と大阪間の移動に航空機を利用する必要があるのか、今一度考えてみる必要がありそうです。

とはいえ、人や荷物を遠くへスピーディに運ぶには、航空機による輸送が欠かせません。特に、現在のグローバル化した世界では、国際線の航空機による旅客や貨物の長距離輸送が果たす役割は大きいものがあります。

航空産業で消費するエネルギーのうち、航空機を飛ばす際に燃料として消費するエネルギーがそのほとんどを占めていて、そこから大量のCO_2を排出しています。したがって、飛んでいる航空機から排出されるCO_2をなくす技術への転換が求められています。水素を燃料として用いる水素航空機や、蓄電池を用いてエンジンを電動化する技術の開発が進められていますが、いずれも実用化は2030年代半ば以降とみられています。

そこで、差し当たり航空産業の脱炭素化の中核を担うことを期待されているのが、**SAF**への燃料転換になります。SAF*とは、持続可能な航空燃料のことであり、既に商用化されており、従来のジェット燃料と混合して使用されます。ただし、2020年の世界のSAF供給量は約6.3万kLであり、世界のジェット燃料供給量の0.03%に過ぎません。

従来のジェット燃料は、原油を精製して製造されます。これに対してSAFは、サトウキビなどの植物、飲食店から排出される廃食用油、都市ごみ、廃プラスチックを原料にして製造されます。SAFの原料によって、従来のジェット燃料から転換した際のCO_2の削減率は異なりますが、バイオマス由来の原料を用いれば、航空産業の脱炭素化を推し進めることができます。

2026年にSAFを安定供給

出光興産は、グリーンイノベーション基金による助成を受けて、ATJ*製造商業機の開発、およびその商業運転実証に取り組んでいます。商業運転は2026年頃の開始を予定していて、年間10万kL相当のSAFの安定的な生産と供給、および製造コスト100円台/Lの実現を目指しています。同時に、出光興産は、SAFの原料となるバイオエタノール*を国内外から安定的に調達するため、多様な調達先の確立にも取り組んでいます。

SAFへの転換による脱炭素化のイメージ

*SAF　Sustainable Aviation Fuelの略。
*ATJ　Alcohol to Jetの略。エタノールからSAFを製造する技術・プロセスのこと。
*バイオエタノール　バイオエタノールについては、4章10節で解説している。

9-11
自治体 ～気候変動への対応と東京都の事例

夏場の記録的な高温、台風の大型化、豪雨と大洪水、大規模な山火事、干ばつなど、世界中で気候変動の影響が顕在化し、深刻な被害をもたらしています。私たちにとって身近な存在である自治体では、気候変動対策に取り組んでいます。

自治体の動向

世界中で、気候変動による深刻な影響が顕在化する中、**気候非常事態宣言**を出し、気候変動に対して行動を起こすことを呼びかける自治体が増えています。気候非常事態宣言とは、国、自治体、大学などの組織が気候変動の危機を認識して非常事態宣言を行い、気候変動を緩和するための政策を打ち出したり、市民や事業者などの関心を高めたりすることをいいます。

2016年12月にオーストラリアの地方都市が最初に気候非常事態宣言を出しました。その後この動きは広がりをみせ、全世界で2,337の国と自治体が宣言を行っています（2023年7月時点）。日本では、2019年9月の長崎県壱岐市の宣言を皮切りに、136の宣言が行われています（2023年9月時点）。

一方、脱炭素社会に向けて、2050年にCO_2の排出を実質ゼロにすることを表明した国内自治体の数は、東京都、京都市、横浜市を始めとして、991に達します（2023年9月時点）。環境省は、2050年CO_2排出実質ゼロを表明した自治体を**ゼロカーボンシティ**と呼び、予算措置をした上で、気候変動対策の計画立案や再生可能エネルギー設備の導入などの支援を行っています。

東京都の取り組み

東京都は、2019年5月に、世界の主要都市が一堂に会するU20メイヤーズ・サミットにおいて、2050年CO_2排出実質ゼロに貢献する「ゼロエミッション東京」を実現することを宣言しました。そして同年12月に、**ゼロエミッション**＊の実現に向けた「ゼロエミッション東京戦略」などを策定しています。

＊**ゼロエミッション**　排出（emission）をゼロにすること。廃棄物（CO_2含む）をゼロにするという意味で使われる。

図は、ゼロエミッションの実現に不可欠な脱炭素化されたエネルギーのイメージを示しています。ゼロエミッション東京戦略では、再生可能エネルギーの基幹電源化に加え、再生エネ由来のCO_2フリー水素を本格的に活用することで、脱炭素社会を実現する方針です。

2050年ゼロエミッションの実現に向けては、2030年までの行動が極めて重要になります。そこで東京都は、2021年1月に、2030年までに温室効果ガスの排出量を2000年比で50%削減する、「カーボンハーフ」を表明しています。2022年2月には、カーボンハーフの達成に向けた道筋を具体化するため、「2030年カーボンハーフに向けた取組の加速 -Fast forward to “Carbon Half” -」を策定しています。その中には、省エネの最大化、脱炭素エネルギーへの転換、低炭素資材利用への転換があげられています。

東京都が描くエネルギーの脱炭素化のイメージ*

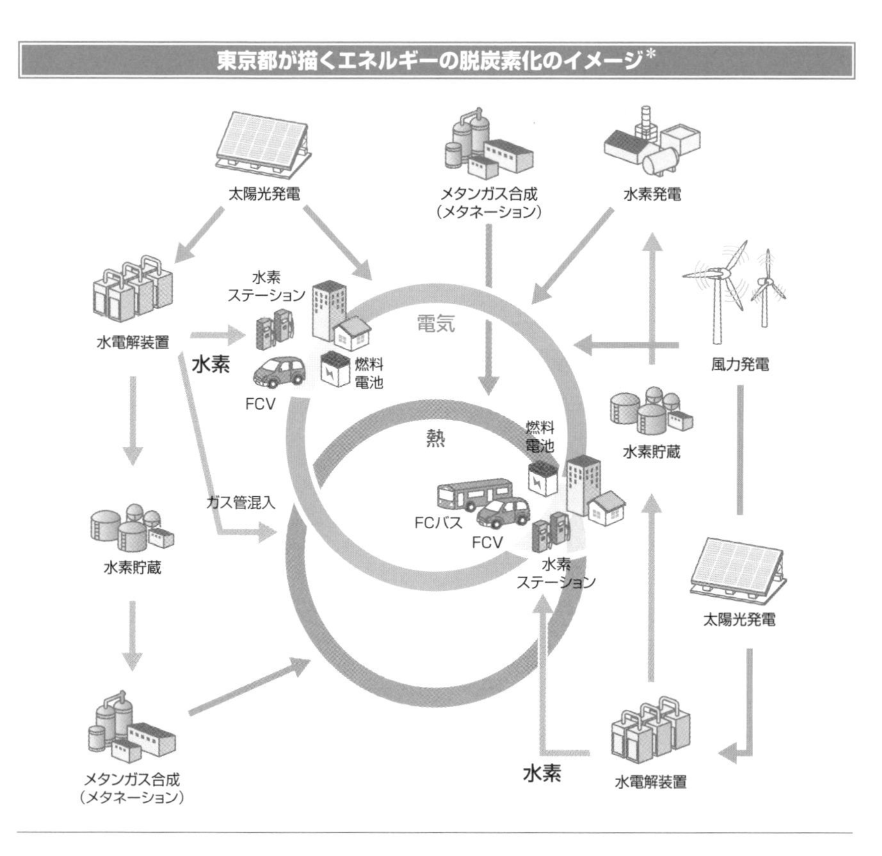

*…のイメージ　東京都環境局のホームページ（https://www.kankyo.metro.tokyo.lg.jp/policy_others/zeroemission_tokyo/strategy.files/reference_image.pdf）より。

ナッジとは？

10章3節で少しだけ触れていますが、「ナッジ」と呼ばれる、金銭的なインセンティブに頼ることなく、人々がより望ましい行動をとれるように後押しする手法があります。

ナッジ（nudge）は、「（注意を引くために）軽くつつく」という意味の英語であり、セイラーなどによれば、「選択を禁じることも、経済的なインセンティブを大きく変えることもなく、人々の行動を予測可能な形で変える選択アーキテクチャーのあらゆる要素」とナッジを定義しています。ここで、選択アーキテクチャーとは、「人々が選択する際の環境」という意味になります。

セイラーとは、米国のシカゴ大学のリチャード・H・セイラー教授のことであり、2017年に「ナッジ理論」でノーベル経済学賞を受賞しています。受賞によってナッジへの注目が高まり、現在、実社会の中で活用する動きが活発になっています。セイラー教授は、「人間の行動は感情や心理に左右され、必ずしも合理的ではない」という前提のもと、人間の行動を心理学や経済学の知見を用いて研究する「行動経済学」が専門分野であり、この行動経済学を実社会で役立てるための基本原則などを示したものがナッジ理論なのです。

ナッジを適用するメリットとしては、①強制することなく対象者に働きかけるため、反発を招くことが少なく、行動変容を促進できること、②情報伝達方法を工夫することにより、高い費用対効果を得られることがあげられます。

既にナッジは、さまざまなケースで活用されています。たとえば、オランダの空港で、男子用トイレの小便器にハエの絵を描いたところ、利用者が無意識に絵を狙うようになり、清掃費を大幅に削減できたという事例が報告されています。

日本政府は、グリーン成長戦略の中で、ナッジを取りあげています。ライフスタイル関連産業の分野において、ナッジ等の行動科学やAI等の先端技術を融合させ、一人ひとりに適したエコで快適なライフスタイルを提案して暮らしをサポートする、より高度なシステム技術の開発に取り組み、社会実装していく方針です。

脱炭素社会の実現へ向け、私たち一人ひとりの行動が脱炭素につながるよう、変えていく必要があります。ナッジは行動変容の手法として、今後、大きな力を発揮していくに違いありません。

第10章

脱炭素社会へ向けて

30年後、80年後の未来はどうなっているのか、神のみぞ知る領域であり、正しく予見することは誰にもできません。ただし、地球温暖化については、世界各地の観測データから地球の平均気温が上昇しているという事実が明らかになっています。そして、温暖化にともなう気候変動のリスクについて、さまざまなシミュレーションにより、リスクの深刻さを理解できるようになっています。

脱炭素社会の実現に向けては、気候変動リスクへの危機感をすべての人が共有し、政府、自治体、企業、家庭などのすべての関係者が当事者意識を持って、人為的な CO_2 の排出をなくすための行動を起こす必要があります。

10-1 私たちにできることは？

現役世代である私たちは、将来世代に対し、豊かで持続可能な地球環境や社会システムを残していく責任があります。すべての人が当事者意識を持ってCO_2の排出削減に取り組み、脱炭素社会の実現に貢献することが大切です。

原因も対策も「ちりも積もれば山」

「ちりも積もれば山となる*」ということわざがありますが、地球温暖化の原因である温室効果ガスの人為的な排出は、長い年月をかけて積み重ねられてきました。特に、1750年頃に始まった産業革命以降、私たち人間は石炭や石油などの化石燃料を大量に燃やして使用するようになり、大気中へのCO_2排出を急増させてきたことで、温暖化とその影響が、今まさに顕在化しています。

同様に、地球温暖化の対策においても、「ちりも積もれば山となる」的な対策が必要になります。特に家庭での対策は、一つひとつの家庭のCO_2の排出削減効果は小さいのですが、すべての家庭の削減効果を足し合わせると、大きなCO_2削減効果を得ることができます。

このような家庭における主要な対策、すなわち私たちが暮らしの中でできる対策としては、省エネルギーの推進と再生可能エネルギーの利用の2つがあげられます。

省エネルギーの推進

省エネでは、住宅の断熱化や、エネルギー消費効率の高い設備・機器への切り替えが、大きな効果を発揮します。住宅の外壁・屋根・天井・床・窓を断熱改修することにより、冷房時や暖房時に消費するエネルギーを削減することができます。また、高効率給湯機、高断熱浴槽、節水型トイレなどの設備改修、および冷蔵庫、照明器具、テレビ、エアコンなどの省エネ家電への切り替えを行うことにより、家庭で消費するエネルギーを削減することができます。

このほか、節電はその気になりさえすれば家庭やオフィスですぐに実行できる取

---

* **ちりも積もれば山となる**　どんなに小さなことでも、積み重なれば大きくなるという意味。

り組みが多いため、最も身近な省エネ対策といえます。節電の具体例として、不要な照明の消灯、エアコンの設定温度の変更（冷房は設定温度を高めにし、暖房は低めにする。そして着ている服で調節する）、テレビの明るさや冷蔵庫の温度の設定調整、家電品やOA機器の待機時消費電力の削減などがあげられます。

再生可能エネルギーの利用

家庭において再生エネで発電された電気を利用する方法は2つあります。1つ目は、自宅の屋根に太陽光パネルを設置する方法です。初期の設置費用が高額（一般に、100万～150万円程度）である点が普及の障害になっていましたが、最近では初期費用0円で導入できるサービスが始まっています。

2つ目は、再生エネで発電した電気を販売している電力会社（小売電気事業者）から電力を購入する方法です（図参照）。料金や再生エネの種類や比率など、電力会社によって販売している料金プランには違いがありますので、中身をよく確認して選ぶ必要があります。

再生可能エネルギー由来の電気プランの選択*

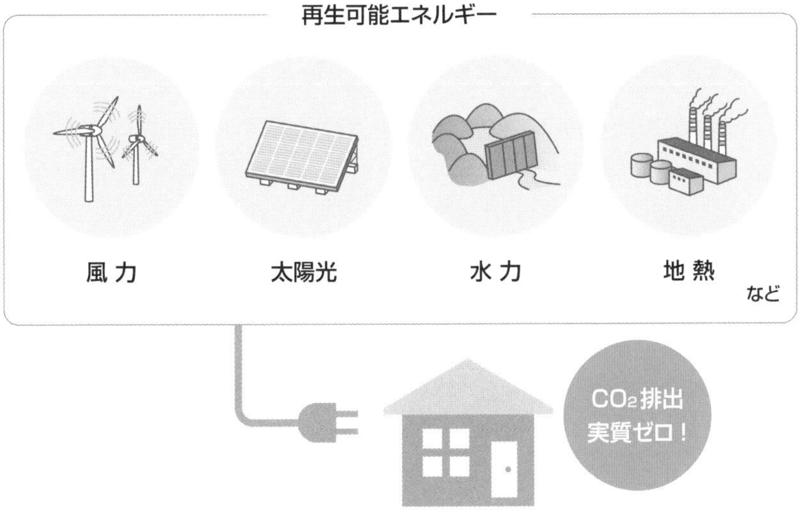

再生可能エネルギー

風力　太陽光　水力　地熱　など

CO_2排出
実質ゼロ！

再生可能エネルギー由来の電気プランへの切り替えで
CO_2排出が実質ゼロの電気を使えます。

＊…の選択　環境省 再エネスタートのホームページ（https://ondankataisaku.env.go.jp/re-start/howto/04/）より。

10-2 危機感の共有と行動

地球温暖化に対する危機感は、人々を脱炭素へ駆り立てる原動力になります。気候変動のリスクを正しく理解し、皆で危機感を共有した上で、脱炭素社会の実現に向けて行動を起こすことが求められています。

危機感の共有

脱炭素社会の実現に向けては、脱炭素化の取り組みの原動力となる力が必要です。「危機感」は、人々を脱炭素へ駆り立てる原動力になります。地球温暖化によって生じる、さまざまな気候変動のリスクを正しく理解し、皆で危機感を共有することが大切になります。そのためには、学校教育を通した子供たちに対する地球温暖化や気候変動などに関する教育が重要です。気候変動や対策について、子供たちに科学的な知識を習得させておけば、脱炭素社会の実現に一歩近づくことができます。なぜなら、若者はこれまでの古い考え方にとらわれることなく、斬新な発想で課題の解決に取り組むことができ、社会変革の推進力になりうるからです。そして、若者には行動力があり、社会を変えていく力があります。

環境の分野で著名な若者と言えば、スウェーデンの環境活動家である、グレタ・トゥーンベリさんです。グレタさんは、15歳だった2018年から、毎週金曜日は学校を休んで、気候変動対策の必要性を訴える活動を続けてきました。「子供たちの将来を奪わないで」というのが彼女のメッセージであり、その活動は人々の共感を呼び、「Fridays for Future」となって世界各地に広がっています。日本においても、2019年2月に東京で「Fridays for Future」の運動が始まっています。このような活動を通して、気候変動対策の必要性を政治に訴えること、メディアの報道を通して広く市民に伝えられることは、とても重要なことであると考えられます。

一方、政治家の役割も決定的に重要です。政治家は、科学者の警告に耳を傾けなければなりません。そして、気候変動対策の必要性を理解したなら、それを有権者へ伝えて、多くの人々に脱炭素を自分事にしてもらう必要があります。もちろん脱炭素のための政策を立案し、実現させていくことも求められます。政治家は社会を持続可能な方へ、先導していく役割を担っているのです。

行動することが重要

さて、気候変動のリスクを正しく理解し、皆で危機感を共有できたならば、脱炭素につながるよう、これまでの行動を変える必要があります。私たち一人ひとりが暮らしの中で実践すべき取り組みについては、10章1節で解説しました。これらの取り組みを、当たり前のこととして、継続していくことが大切になります。

一方、政府、自治体、企業が実践すべき取り組みについては、3章で示したように、既に脱炭素社会へ向けた計画がいくつも立てられています。したがって、さまざまな施策や対策を計画に沿って実行できるかどうかが問われています。地球温暖化に対する危機感を保ちながら、計画を実行するための具体的で積極的な行動が求められています。

日本の気候変動によるリスクの例（20世紀末と21世紀末の比較）＊

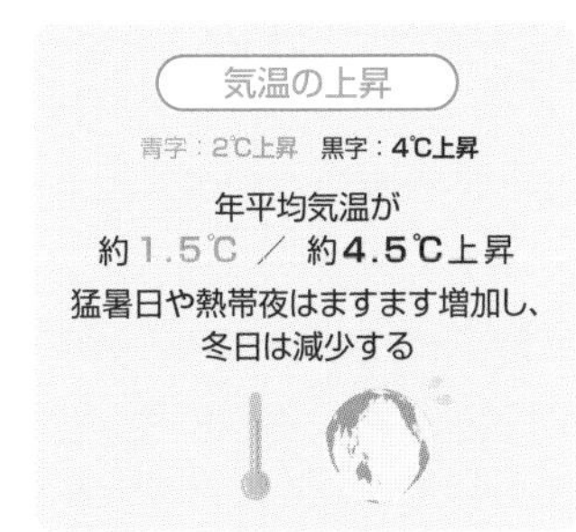

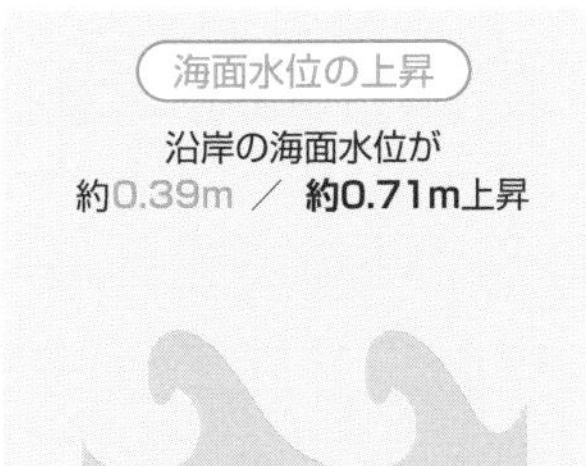

資料）文部科学省・気象庁「日本の気候変動2020」より国土交通省作成

＊・・・**リスクの例（20世紀末と21世紀末の比較）** 国土交通省「国土交通白書 2022」p.8より。

10-3 行動変容を促すには？

脱炭素社会の実現へ向けて、キーワードの一つとなるのが「行動変容」です。社会の姿を脱炭素に対応したものに作り変えるということは、私たちの行動もCO_2の排出削減に寄与するやり方に変えていく必要があります。

CO_2排出の削減率を表示

コンビニでサンドイッチを買うと、その包装にはカロリーが表示されています。これは、食品表示法によってすべての加工食品において表示が義務化されているからなのですが、健康志向の高まりともあいまって、社会の中に定着した感があります。カロリーの摂取量に敏感な若い女性などの消費者は、商品を選択する際に考慮する要素の一つとしてカロリー数を見るようになっているのです。

さて、食品のカロリー表示と似たような試みとして、商品ごとのCO_2排出のレベルを消費者に見えるようにするサービスの提供が、既に始まっています。Earth hacksは、三井物産と博報堂が共同出資して、2023年5月に設立されました。同社は、商品やサービスについて、従来品と比較したCO_2排出量の削減率を可視化するサービスを提供しています。

図は**デカボスコア**と名づけられたEarth hacksのサービスを示しています。図の上側はこれまでの状態を示していて、自社の製品の製造などにともなって排出されるCO_2を、さまざまな工夫によって削減できたとしても、それを消費者に上手く伝えることができず、売上の拡大につなげることができませんでした。これに対して図の下側のデカボスコアでは、従来品と自社品のCO_2排出量を比較し、その削減率をひと目でわかる意匠のデカボスコアで表示します。これによって企業は、CO_2の排出が少ないという環境面での優位性を消費者にわかりやすく伝えることができ､売上の拡大を期待することができます。これは企業の活動をより一層、CO_2の排出削減に向かわせることにつながります。

同時に、私たち消費者にとっては、商品を購入する際にCO_2排出の少ない商品を選ぶことができ、環境面に配慮した行動がとれるようになります。

行動変容の方法

このほかにも行動を変容させるための方法として、「カーボンフットプリント（CFP*）」や「ナッジ」などをあげることができます。

カーボンフットプリントとは、商品やサービスのライフサイクル（原材料調達から廃棄・リサイクルまで）の各過程から排出される温室効果ガスの量を追跡した結果、得られた全体の量をCO_2量に換算して表示することをいいます。カーボンフットプリントは、10年以上前から環境省や経済産業省を中心に導入の検討や試行事業が進められてきました。ただし、未だ市場に広く定着している状態からは程遠いため、政府や産業界を挙げて普及に向けた取り組みを加速させることが望まれます。上記のデカボスコアの例のように、企業にとって導入が容易で、消費者にとっては利用しやすいサービスにすることがポイントになります。

また、**ナッジ**とは、行動経済学の知見に基づく手法であり、金銭的なインセンティブに頼ることなく、人々がより望ましい行動をとれるように後押しするアプローチをいいます。

CO_2排出の削減率の可視化*

イラスト提供：Earth hacks

*CFP　Carbon Footprint of Productsの略。

*…の可視化　Earth hacksのホームページ（https://decarbo.earth-hacks.jp/about/2b/）より。

10-4 社会の仕組みの転換

既に出来上がった社会の仕組みを、新しいものに転換していく作業には、大きな困難がともないます。日本は、太陽光、風力、バイオマス、地熱、水力等の再生エネに恵まれており、脱炭素社会へ向け、最大限導入することが求められています。

ジグソーパズルのような難しい作業

脱炭素社会を実現させるということは、これまでに築いてきた化石燃料に依存した炭素社会を壊しながら、その一方で脱炭素社会の新たなピースを作り、壊したところにはめ込んでいく、ジグソーパズルを組み立てていくような複雑な作業が求められます。これは私たちがこれまで経験したことがないような、難しい作業になると予想されます。

たとえば、現在、家庭では料理を作るのに、都市ガスやプロパンガスを熱源にしたガスコンロを使用しています。都市ガスやプロパンガスは化石燃料由来であり、燃焼させるとCO_2の排出がともないます。これを脱炭素化するには、コンロのような調理器具を電化する、もしくは水素などのCO_2を排出しない熱源を使用する方法に切り替えなくてはなりません。ただし、コンロを電磁調理器などへ電化するのであれば、先に電源を、再生可能エネルギーなどを用いた脱炭素電源へ切り替えておく必要があります。また、熱源を水素へ切り替えるのであれば、適用する安全なコンロの開発、および水素の供給インフラを整備しておくことが不可欠になります。加えて、このように脱炭素化には複数の方法が選択肢としてあるのですが、どれを選択するのかによって、電力会社やガス会社のビジネスは大きな影響を受けることになります。つまり、政府や自治体を始めとした脱炭素の方法を方向付けていく主体は、その意思決定に先立って、利害関係者間の難しい調整をクリアする必要があるのです。

再生エネのフル活用は必須の要件

変えるべき社会の仕組みとしては、エネルギーの脱炭素化が最も重要なテーマであり、それは「再生可能エネルギー*を最大限導入する」ことによって実現できます。再生エネによる発電を可能な限り増やす一方、石炭火力といったCO_2排出の多い火力発電所から順に稼働を止めていくことになります。

日本における住宅用太陽光発電の普及率は未だ10%を少し超える程度であり、導入する余地は大きく残されています。また、農地を活用するソーラーシェアリング、ペロブスカイト太陽電池によるビル壁面を利用した発電など、新たな太陽光発電の利用方法が開発されています。住宅やオフィスでは、太陽光パネルと蓄電池の設置が進み、電力を自給自足している姿が理想と言えるでしょう。

風力発電については、海にたくさんの巨大風車が浮かべられ、洋上風力の発電コストが既存の火力発電よりも低下し、電力供給のエースとしての役割を果たすことが期待されています。

一方、地方では、バイオマスエネルギーや中小水力発電の導入拡大により、エネルギーの地産地消を実現することができます。また、火山国という日本の地の利を活かし、地熱発電の開発を進め、ベースロード電源として活用することが期待されています。

再生可能エネルギーを中心に据えたエネルギー社会*

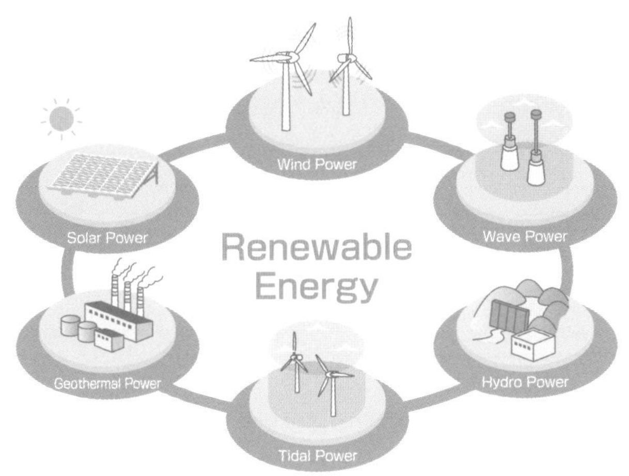

---

* **再生可能エネルギー**　再生可能エネルギーの詳しい内容については、拙著「図解入門ビジネス 最新 再生可能エネルギーの仕組みと動向がよ～くわかる本」が参考になる。
* **…エネルギー社会**　資源エネルギー庁のホームページ（https://www.enecho.meti.go.jp/about/special/tokushu/saiene/saienerekishi.html）より。

10-5 水素の社会実装

エネルギーが不足すると、社会が回りませんし、暮らしも成り立ちません。場合によっては、生命が脅かされるかもしれません。エネルギーの安定供給を満たしながら、再生エネや水素を活用するエネルギー社会へ転換していく必要があります。

水素エネルギーの活用

前節（10章4節）では、エネルギーを脱炭素化するための必須の要件として、再生可能エネルギーを最大限導入することをあげました。この必須要件は2つあり、残りのもう一つとして、「水素エネルギー*を最大限活用する」ことがあげられます。

水素は、燃焼させて熱エネルギーとして利用したり、燃料電池を用いて発電したりしても、CO_2の排出がまったくともなわない、クリーンなエネルギーです。また、水素は水を電気分解することにより、作ることができます。再生エネで作った電気を用いれば、CO_2を排出せずに水素を作ることができ、こうして作った水素は**CO_2フリー水素**と呼ばれます。

海外の立地条件の良い場所では、極めて安価なコストで再生エネ由来の電気を作ることができます。たとえば、赤道に近い中東の砂漠地帯に数百万枚の太陽光パネルを設置することで、2米セント/kWh以下で電力を供給できることが報道されています。水素エネルギーを社会実装するには、低コストで水素を調達することが不可欠になります。したがって、現在、海外で安価に製造するCO_2フリー水素の調達に関する検討や実証が進められているところです。

再生エネと水素を両輪にしたエネルギーシステム

さて、エネルギーの脱炭素化に向け、水素エネルギーの活用が欠かせない最も大きな理由は、再生可能エネルギーの大量導入をサポートできる点にあります。太陽光や風力といった再生エネは、時間帯や天候によって出力が左右される変動電源です。電気は作ると同時に使用する必要があり、これを「同時同量の原則」といいます。電力システムでは、電力の需要と供給を絶えず一致させる必要がある

＊**水素エネルギー**　水素エネルギーの詳しい内容については、拙著「図解入門ビジネス 最新 水素エネルギーの仕組みと動向がよ〜くわかる本」が参考になる。

のですが、太陽光や風力といった変動電源の導入が増えると、同時同量を保つのが難しくなります。そこで、再生エネの出力変動によって生じる余剰電力を利用して水素を作っておき、再生エネ電源からの電力供給が足りない時に水素で発電して補えば、電力システムを安定化させることができます。再生エネと水素エネルギーを組み合わせて利用することで、CO_2排出のない効率的な電力システムを構築できるのです。すなわち、再生エネと水素を両輪にしたエネルギーシステムを構築していくことで、CO_2排出のない、脱炭素なエネルギー社会への転換を進めることができます。

このような水素エネルギーは、既に社会実装の段階に入っています。さまざまな実証事業が進められており、着実に水素エネルギーの社会実装に向けた準備が整ってきています。最大限の再生可能エネルギーの導入を進めると同時に、水素エネルギーを社会の仕組みの中に組み込むことで、脱炭素なエネルギー社会を実現することができます。

水素社会のイメージ*

＊…のイメージ　環境省 脱炭素化にむけた水素サプライチェーン・プラットフォーム（https://www.env.go.jp/seisaku/list/ondanka_saisei/lowcarbon-h2-sc/index.html）より。

10-6 脱炭素社会の未来図

脱炭素社会は、私たちが過去に経験したことがないような困難なテーマであることは間違いありません。「CO_2の排出を減らす」「排出しない」「回収・利用」「吸収・固定」といった脱炭素化の仕組みを、産業活動等に組み込んでいくことが求められます。

脱炭素化の仕組みを社会に組み込む

脱炭素社会を実現するということは、現在、人間社会から排出されている、すべてのCO_2を対象として、その排出を実質ゼロにするということであり、実現に大きな困難がともなうテーマになります。私たちは、これまで産業活動などを通じてCO_2の排出を続けてきましたが、その活動のやり方を根本から変える必要があります。活動のやり方を変えるには、産業や社会の基盤を作り変える必要があり、そこには膨大な資金や労力の投入が不可欠になります。変革には痛みがともなうことも覚悟して、取り組まなくてはならないのです。

一方、究極の目的は地球温暖化を止めることにあるため、世界各国が協調して、CO_2排出の実質ゼロに取り組む必要があります。仮に、日本と一部の先進国が脱炭素社会を実現できたとして、他の多くの新興国がCO_2排出の実質ゼロを達成できなければ、地球温暖化を食い止めることはできないのです。地球規模の壮大なテーマであることも、私たちは頭に入れておく必要があります。

さて、脱炭素社会の構築には、再生可能エネルギーや水素エネルギーを活用するエネルギーの脱炭素化にとどまらず、産業構造の転換、社会インフラの転換、ライフスタイルの転換など、さまざまな取り組みが必要になります。具体的には、省エネを中心としたCO_2の「排出を減らす」ための技術や方法（5章参照）、エネルギー転換を中心としたCO_2を「排出しない」ための技術や方法（4章参照）、資源化を中心とした排出されるCO_2を「回収・利用」するための技術や方法（6章参照）、植物の持つ機能を利用してCO_2を「吸収・固定」するための技術や方法（7章参照）を社会の中に組み込む必要があるのです。

脱炭素社会では、CO_2について「排出を減らす」「排出しない」などの脱炭素化の仕組みを、産業活動や社会活動に内蔵することがポイントになります。このような脱炭素化の仕組みを上手く内蔵することで、そこで行われる活動は、人が無意識であったとしても、すべてCO_2排出のともなわない活動にすることができます。

たどり着くには

脱炭素化の仕組みを産業活動や社会活動に内蔵するまでは、政府、自治体、企業、家庭など、すべての関係者が「脱炭素」を意識して行動することが求められます。

私たちの国、日本は民主主義の国です。なかなか実感しにくい面もありますが、「私たち大方の意思、すなわち民意が政治家を動かし、民意に沿って政策が立案され、実行されていく」というのが、社会を動かす基本的な仕組みになります。このような観点からも、私たち一人ひとりが「脱炭素」に関する問題意識を持ち、それぞれの持ち場で、できることを続けていくという姿勢が大切なのではないでしょうか。

脱炭素社会の未来予想図

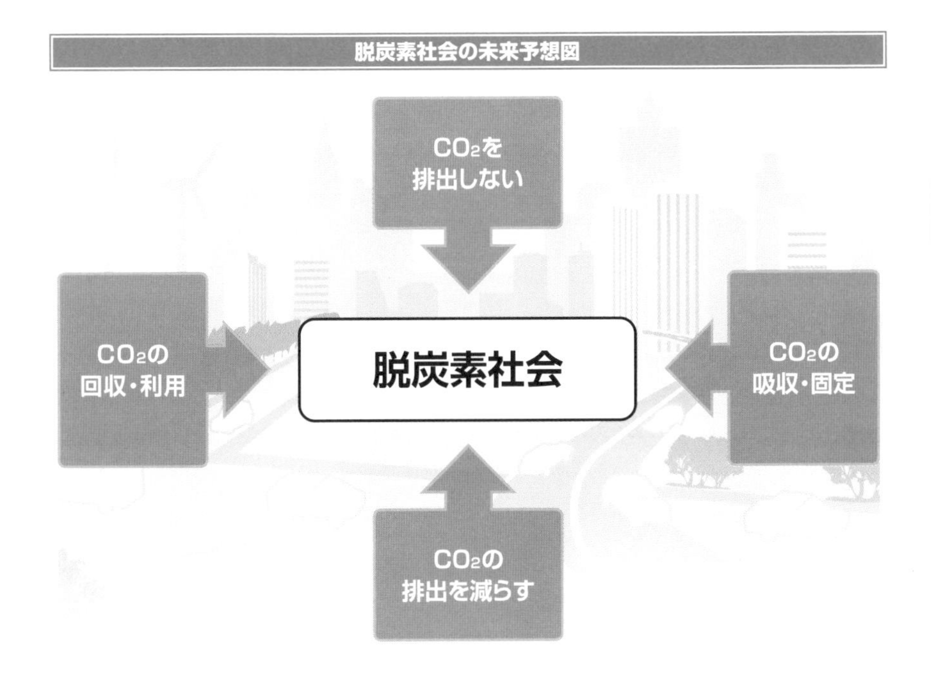

そもそも「社会」とは？

本書のタイトルには「社会」という文字が入っているのですが、そもそも社会とは何なのでしょうか。

社会とは、一般に、複数の人々が持続的に一つの共同空間に集まっている状態、その集まっている人々自身、人々の間の結びつき、といったこれらすべてを含めたものをいいます。ふわっとして漠然としてますよね。

本書で用いる「社会」という言葉は、単に人々の集まりとしての社会を指すのではなく、人々が生産や暮らしなど、さまざまな活動を行う物理的な空間を指しています。この空間は、道路、鉄道、港湾、空港、上下水道、電気、ガス、医療、通信などの社会インフラを始めとして、さまざまな建築物、設備、機器、あるいは植物などの自然界のものも混在して形成されています。そこには、建築物や機器などのようなハード面だけでなく、サービスや規制などのようなソフト面の要素も包含されています。

私たち人間は、このような生産や暮らしを支える基盤、設備や機器、およびさまざまな仕組みを内在させた空間の中で多様な活動を行い、CO_2などの温室効果ガスを排出しているのです。たとえば、私たちは、家庭では電気やガスを消費してCO_2を排出し、自家用車（ガソリン車）で通勤する際にもCO_2を排出しています。そして、職場が大規模な工場であれば、生産活動で大量の電力や熱を消費して、大量にCO_2を排出してしまうのです。

日本の戦後の復興や高度経済成長をエネルギーの面から支えてきたのは、石炭や石油といった化石燃料です。必要な電気や熱といったエネルギーの大きな部分を化石燃料でまかなうことを前提に、長い年月をかけて、現在の炭素社会は作り上げられてきました。そして、化石燃料の利用は、社会の隅々まで浸透しています。

社会にはあまり表に出ることがない、負の側面もあります。炭素社会における既得権益や利権というものの存在も否定できないでしょう。表立って脱炭素社会へ向かうための取り組みに反対することはありませんが、積極的に後押しすることもないかもしれません。既に出来あがっている炭素社会を、新しく脱炭素社会に作り直す作業は、困難を極めることが予想される分、政治には力強いリーダーシップが求められます。

おわりに

■あらゆる手立てを総動員して脱炭素社会へ

インド発祥の寓話に、「群盲象を評す」という話があります。多数の盲人が象をなでて、各人の触った感触だけで象について評価しあうのですが、ある人は鼻を触って棒のようだと言い、ある人は足を触って柱のようだと言い、またある人は腹を触って壁のようだと言うといった具合に、触った場所によって意見が異なり、象の評価がまとまらない、といった話です。この寓話は世界中に広がっていて、「凡人は大人物や大事業を理解できない」ことや、「木を見て森を見ない」ことなどの例えとして用いられています。

脱炭素社会は、本書を通して解説してきたように、多様な側面やテーマがあると同時に、個々の側面・テーマは大きな広がりと深さを持っています。脱炭素社会の未来図を描くに当たっては、「群盲象を評す」ということわざを頭の片隅に置きながら、検討を重ねていく必要があるのです。

脱炭素社会という巨象の全体像を的確につかむことは、簡単なことではありません。全体像が正しく見えていないと、私たちは持続可能で豊かな未来を手に入れることができる脱炭素社会へ、たどり着くことができないのです。

脱炭素社会の実現に向けては、①化石燃料を使用しない非化石エネルギーへの転換（再生可能エネルギー、水素エネルギー等への転換）、②徹底した省エネルギーの推進、③工場の製造プロセス等から排出される CO_2 の回収・利用・貯留、（カーボンリサイクル、CCS 等）、④植物の持つ CO_2 の吸収・固定機能の最大限の利用（ブルーカーボン、グリーンカーボン等）、⑤経済活動の脱炭素への誘導（ESG 投資、カーボンプライシング等）、⑥産業構造の転換（多排出産業の製造プロセスの脱炭素化等）など、イノベーションの創出を始めとした多様なテーマへの取り組みの強化、規制緩和や投資環境の整備を始めとしてさまざまな手法を駆使することが重要になります。

炭素社会から脱炭素社会へ転換するという大事業を成し遂げるには、多様な視点からあるべき脱炭素社会の姿を見つめ、体系立てて脱炭素社会をデザインし、2050 年までの時間軸の中で、さまざまな施策や新技術の社会実装を着実に進めていく必要があります。

■世界全体で脱炭素社会へ

脱炭素社会への転換に取り組むべき理由は、地球温暖化を止めることにあります。いくつかの国が脱炭素社会を実現できたからといって、残りの多くの国で相変わらず CO_2 を大量に排出し続けていれば、温暖化を止めることはできません。したがって、国際社会が協調して脱炭素に取り組むことが不可欠になります。

近年、ロシアによるウクライナへの軍事侵攻、ハマスによるイスラエルへの越境攻撃をきっかけとしたイスラエル軍のガザ侵攻など、国際情勢は緊迫し不安定さを増しています。このような国際情勢は、国際社会の協調を難しくし、世界全体の脱炭素化の動きを鈍らせてしまう恐れがあります。

これは、国際紛争の当事者は今現在の対応が死活的に重要であり、周りの関係国もその紛争に関心が引っ張られてしまうからです。脱炭素は中長期的な課題であるため、国際社会の注目が紛争に集まる分、脱炭素への関心が薄れ、その取り組みは鈍ってしまいます。こうした観点から、世界の平和を維持していくことは、極めて重要であるといえます。とはいえ、差し当たり私たちには「平和を願う」ことしかできませんので、ここは各国首脳のリーダーシップに期待するしかなさそうです。

一方、気候変動の影響を最も強く受けるのが貧困国です。貧困国は途上国の中で最も開発が遅れていて、国民所得が低く、国民の健康状態が悪くて識字率が低い、農作物の生産量が不安定で経済が脆弱である、などの問題を抱えています。ただでさえ飢餓や水不足などの深刻な問題を抱えているところに、気候変動による気象災害（洪水、干ばつ等）や農作物の生産量の減少が追い打ちをかけ、飢餓や病気の蔓延につながり、多くの尊い命が犠牲になってしまうのです。

このように、地球温暖化による気候変動は、貧困国の中の社会的な弱者から順に影響を与えていきます。まず経済力の低い人が深刻な影響を受け、やがては経済力に関係なくすべての人が悪い影響を受けてしまいます。

国連サミットで採択されたSDGsでは、「誰一人取り残さない」ための社会の実現を掲げています。国際社会が協調して、先進国や途上国の区別なく、共に手を取り合って脱炭素社会の構築へ向かう必要があるのです。

2024年　粉雪舞う空を見上げながら

今村　雅人

参考文献

市川勝「水素エネルギーがわかる本」オーム社，2007年.

池原庸介「図解入門ビジネス 最新 カーボンニュートラルの基本と動向がよ〜くわかる本」秀和システム，2022年.

今村雅人「図解入門ビジネス 最新 再生エネビジネスがよ〜くわかる本」秀和システム，2016年.

今村雅人「図解入門ビジネス 最新 再生可能エネルギーの仕組みと動向がよ〜くわかる本」秀和システム，2022年.

今村雅人「図解入門ビジネス 最新 省エネビジネスがよ〜くわかる本」秀和システム，2018年.

今村雅人「図解入門ビジネス 最新 新エネルギーと省エネの動向がよ〜くわかる本」秀和システム，2012年.

今村雅人「図解入門ビジネス 最新 水素エネルギーの仕組みと動向がよ〜くわかる本」秀和システム，2020年.

エネルギー総合工学研究所「図解でわかるカーボンリサイクル〜CO_2を利用する循環エネルギーシステム（未来エコ実践テクノロジー）」技術評論社，2020年.

橘川武朗「エネルギー･シフト−再生可能エネルギー主力電源化への道」白桃書房，2020年.

経済産業省編「エネルギー白書（2023年版）」日経印刷，2023年.

戸田直樹，矢田部隆志，塩沢文朗「カーボンニュートラル実行戦略：電化と水素、アンモニア」エネルギーフォーラム，2021年.

西脇文男「日本の国家戦略『水素エネルギー』で飛躍するビジネス 198社の最新動向」東洋経済新報社，2018年.

ポール・ホーケン（江守正多訳）「DRAWDOWNドローダウン− 地球温暖化を逆転させる100の方法」山と渓谷社，2020年.

堀正和，桑江朝比呂他「ブルーカーボン−浅海におけるCO_2隔離･貯留とその活用」地人書館，2017年.

森川潤「グリーン・ジャイアント 脱炭素ビジネスが世界経済を動かす」文藝春秋，2021年.

山家公雄「再生可能エネルギーの真実」エネルギーフォーラム，2013年.

山川文子「トコトンやさしい省エネの本」日刊工業新聞社，2011年.

索引

INDEX

英数

あ行

か行

さ行

た行

な行

は行

ま行

や行

ら行

著者

今村　雅人（いまむら　まさと）

環境エネルギーライター/経営コンサルタント

1962年熊本県生まれ。
国立八代工業高等専門学校機械電気工学科卒業。
慶應義塾大学経済学部（通信教育課程）卒業。
産能大学大学院経営情報学研究科（MBA）修了。

化学メーカー住宅設備機器部門の設計部技師を経て現在、有限会社キーアドバンテージ代表取締役。経営コンサルタントとして、赤字企業の経営改善の指導などに携わる。
2004年からライターとして、取材・執筆を手掛けている。
大学の最先端の研究やベンチャー企業経営に関する取材記事を330件以上執筆。
特に、再生可能エネルギーや水素エネルギーに関する研究開発や企業の経営戦略など、環境·エネルギー分野の取材・執筆を得意とする。
また、各産業のリサーチやリポートのクオリティの高さには定評がある。

主な著書
『図解入門ビジネス 最新 再生可能エネルギーの仕組みと動向がよ～くわかる本』
『図解入門ビジネス 最新 水素エネルギーの仕組みと動向がよ～くわかる本』
『図解入門ビジネス 最新 省エネビジネスがよ～くわかる本』
『図解入門ビジネス 最新 再生エネビジネスがよ～くわかる本』
『図解入門ビジネス 最新 新エネルギーと省エネの動向がよ～くわかる本』
以上、秀和システム。

図解入門ビジネス 最新
脱炭素社会の仕組みと動向が
よ～くわかる本

発行日 2024年 4月 1日 第1版第1刷

著 者 今村 雅人

発行者 斉藤 和邦
発行所 株式会社 秀和システム
〒135-0016
東京都江東区東陽2-4-2 新宮ビル2F
Tel 03-6264-3105（販売）Fax 03-6264-3094
印刷所 三松堂印刷株式会社 Printed in Japan

ISBN978-4-7980-6868-8 C2034